重新定义大数据

大数据战略重点实验室◎著

连玉明◎主编

机械工业出版社
CHINA MACHINE PRESS

大数据是人们获得新的认知，创造新的价值的源泉。随着移动互联网和物联网的发展，数据——这个曾经被忽视的东西，现在却得到爆发式增长。不管是消费者，还是智能设备，它们所产生的数据大大超越了人们的想象。

《重新定义大数据》一书，包括块数据、主权区块链、秩序互联网、激活数据学、5G社会、开放数据、数据交易、数据铁笼、数据安全、数权法这些引领未来发展的十大新趋势。新的大数据技术进入市场将带来新的增长，应当如何理解与运用大数据来指导未来的发展？这一切都可以从本书中找到答案。

图书在版编目（CIP）数据

重新定义大数据/大数据战略重点实验室著. — 北京：机械工业出版社，2017.5
ISBN 978-7-111-56636-6

Ⅰ.①重… Ⅱ.①大… Ⅲ.①数据管理 Ⅳ.①TP274

中国版本图书馆CIP数据核字（2017）第066349号

机械工业出版社（北京市百万庄大街22号　邮政编码100037）
策划编辑：胡嘉兴　　　　责任编辑：刘　洁
版式设计：胡　凯　　　　责任印刷：常天培
北京圣夫亚美印刷有限公司印刷
2017年5月第1版·第1次印刷
145mm×210mm·9.75印张·3插页·191千字
标准书号：ISBN 978 - 7 - 111 - 56636 - 6
定价：58.00元

全国科学技术名词审定委员会作为代表国家审定、公布科技名词的专门机构，见证、参与、推动了大数据战略重点实验室在大数据研究领域开展的创新性工作，特别是《重新定义大数据》这一学术著作的研究出版，更是一项影响广泛而深刻的理论创新。

——全国科学技术名词审定委员会

编 委 会

世界正在进入一个由数据主导的时代，大数据正深刻改变着人类的思维、生产、生活和学习方式，深刻展示着世界发展的未来。我国"十三五"规划提出实施国家大数据战略。G20峰会通过的《二十国集团数字经济发展与合作倡议》形成了"让数字经济成为各国创新增长方式、注入经济新动力"的共识。在这股大数据发展的浪潮中，我们不仅需要敢为人先的勇气、持续创新的定力，更需要新理念、新思想、新战略的引领。全国科学技术名词审定委员会作为代表国家审定、公布科技名词的专门机构，见证、参与、推动了大数据战略重点实验室在大数据研究领域开展的创新性工作，特别是《重新定义大数据》这一学术著作的研究出版，更是一项影响广泛而深刻的理论创新。

前瞻性体现于准确的研判。《重新定义大数据》以大数据十大新名词为研究主线，用战略眼光审视大数据发展的势与局，对大数据发展面临的机遇和挑战进行前瞻性研判，紧紧抓住开放数据、数据交易、数据安全、数据铁笼、数权法等关键性问题，以问题为导向，在更深层次上揭示大数据的本质、规律和应用价值，为引领大数据的发展指明方向。

专业性建立在创新的方法之上。开展大数据研究是一个创新的课题，它超越了概念或技术本身，是一个边缘的、跨界的、融合的、有着无限可能的领域。对大数据的研究必须体现学科之间的融合性，绝不是某个单一学科能解决的问题。大数据战略重点实验室在《重新定义大数据》的研究工作中，进行了综合性、社会性的有益尝试，基于复杂理论，运用以人为原点的数据社会学分析方法，对块数据、激活数据学等新概念、新理论进行了论证。这种研究方法本身，就是大数据的综合体现。

科学性来自对规律的尊重与把握。科学研究对规律的发现首先来自对规律的尊重、对规律的把握。《重新定义大数据》的研究，更多是基于当前大数据发展的客观实际，并以信息技术发展为背景，对相关领域的概念和理论进行了更新。比如，5G社会、秩序互联网、主权区块链等，并不是单纯追求或止步于形式上的标新立异，而是以求真务实的态度对相关领域的研究进行了深入的分析与验证。

大数据是一片新蓝海，对大数据的研究也是如此。提升我国在全球大数据发展方向上的话语权，是我们共同的责任和使命。成功永远属于那些崇尚科学、敢于创造、甘于付出的人们。

全国科学技术名词审定委员会

二〇一七年四月一日

绪论　改变未来的十大驱动力

　　大数据是什么并不重要，重要的是大数据改变了人们对世界的看法。在大数据时代，每一个新名词的出现，都将预示着一种趋势，并极可能成为改变未来的驱动力。

　　2013年被誉为中国大数据元年。2014年，贵阳市在全国率先成立贵州大学贵阳创新驱动发展战略研究院。2015年，贵阳市人民政府和北京市科学技术委员会共建大数据战略重点实验室，首提"块数据"理论，贵阳市在推动大数据发展中抢占了理论创新制高点、实践创新制高点和规则创新制高点。站在这样的制高点上观察大数据的发展，形成了一系列有价值的认识与发现。基于这种认识与发现，大数据战略重点实验室和全国科学技术名词审定委员会共同研究，选定并发布"大数据十大新名词"，即块数据、主权区块链、秩序互联网、激活数据学、5G社会、开放数据、数据交易、数据铁笼、数据安全、数权法。这十大新名词，既具有大数据的时代特征，又体现大数据的发展趋势，我们称之为改变未来的十大驱动力。

块数据颠覆传统的世界观、价值观和方法论。全球正在经历一场持久而深远的数据化革命，跨界、融合、开放、共享是大数据时代的核心特征。块数据是把各种分散的（点数据）和分割的（条数据）大数据汇聚到一个特定平台上并使之发生持续的聚合效应。这种聚合效应就是通过数据多维融合和关联分析对事物做出更加快速、更加全面、更加精准和更加有效的研判和预测，从而揭示事物的本质规律。从这个意义上说，块数据是大数据的核心价值，是大数据发展的高级形态，是大数据时代的解决方案。块数据的产生，颠覆了传统的世界观、价值观和方法论，进而改变和形成新的知识体系、价值体系和生活方式，标志着人类真正步入大数据时代。

主权区块链创新现代治理模式。区块链与互联网的结合，使互联网从无界、无价、无序走向有界、有价、有序。主权区块链的提出，将区块链发展和应用置于国家主权框架下，实现法律规制下的技术之治，在区块链可记录、可追溯、可确权、可定价、可交易的基础上，实现可监管。主权区块链将超越技术本身，重点解决的是国家、组织、个人的数据权属问题，推动形成互联网社会的共同行为准则和价值规范，由此将会创新一种从共识结构演变为共治结构，进而形成共享结构的治理体系。

秩序互联网让现实社会与虚拟世界更融合、更有序、更安全、

更稳定。如果说，信息互联网带来了超越空间的信息传递、交流和共享，价值互联网则推进了价值交换、转移和增值，那么，从信息互联网、价值互联网再到秩序互联网，将更加强调用规则来解决互联网的联系、运动和转化，建立新的全球互联网规则和互联网治理体系，逐步形成一种全新的人类社会组织方式和秩序文明，并使现实社会与虚拟世界更融合、更有序、更安全、更稳定。

激活数据学为大数据时代提出了解决方案。激活数据学是块数据的核心运行机制。激活数据学的基础是人工智能的飞速发展，通过人机交互推动高度数据化的智能碰撞与高度智能化的数据融合，对高度关联的数据进行激活，进而实现对不确定性和不可预知性的精准把控。激活数据学将颠覆并替代传统的思维范式，在大数据领域开辟一个新的战略制高点。激活数据学作为新的数据观和新的方法论，通过量化世界，实现人机共舞，颠覆传统生活，开启智能新时代。

5G 社会让人类更好地感知世界。4G 改变生活，5G 改变世界。作为新一代宽带无线移动通信发展的主要方向，5G 绝不仅仅只是简单的迭代更新，而是革命性的变革。5G 将提供高速率、低延时、更可靠的网络服务，为大数据发展提供新的动力。5G 将为万物互联构建一个创新体系，并从根本上推动各行各业的变革。5G 将连接生活的每个角落，拉近人与人、人与物、物与物的距离，让人们更好的感知世界。

开放数据消除信息鸿沟、数字鸿沟和信任鸿沟。推动政府数据开放是开放数据的重中之重。以政府数据开放实现数据资源向社会开放，以公共数据资源交换促进跨部门数据资源的共享共用，以政府数据的契约式开放打通政府部门、企事业单位和社会组织的数据壁垒，有序推进政府、市场与社会对数据资源的合作开发和综合利用，将重构生产关系和价值链，在政府治理、创新创业、民生服务等领域展现出重大价值。更为重要的是，开放数据将消除信息鸿沟、数字鸿沟和信任鸿沟，引领协同共治的社会治理变革，最终实现公共利益最大化的社会善治。

数据交易真正实现数据价值最大化。 数据是大数据时代的基础性战略资源。数据交易是数据价值最大化的手段和过程，是实现从数据资源、数据资产到数据资本的转化过程。数据资本化是对互联网时代创新式资产变革的回应，它让大数据的作用不仅仅局限在应用和服务本身，还具备了内在的金融价值。从某种意义上说，数据交易的规模化标志着数据资本时代的来临。

"数据铁笼"正成为技术反腐的先驱。 "数据铁笼"是贵阳大数据发展的创新实践。"数据铁笼"是以权力运行和权力制约的信息化、数据化、自流程化和融合化为核心的自组织系统工程，通过优化、细化和固化权力运行流程，确保权力不缺位、不越位、不错位，实现反腐工作从事后惩罚转变为事前免疫。"数据铁笼"的广泛应用使数据反腐成为政府反腐治理的新趋势和新模式，通过数据实现科学的技术反腐，将权力牢牢关进数据和制度的笼子里，实现反腐治理中从"不敢腐"到"不能腐"的飞跃。

数据安全放大无隐私时代和高风险社会的挑战。 数据滥用正成为一种不可逆转的社会常态，人类进入无隐私时代和高风险社会，数据安全面临新挑战。大数据所引发的数据安全问题，并不仅仅在于技术本身，而是在于因数据资源的开放、流通和应用而导致的各种风险和危机，并且由于风险意识和安全意识薄弱、关键信息基础设施的安全可靠性差、黑客攻击、管理漏洞以及法律的缺失和滞后加剧了风险的发生频率和危害程度。防范数据安全风险，需要加大对维护安全所需的物质、技术、装备、人才、法律、机制等方面的能力建设，建设立体多维的数据安全防御体系。

数权法孕育并催生新的数字文明。人类社会经历了农耕文明、工业文明，随着新一代信息技术与经济社会各领域、各行业的深度融合和跨界发展，人类必将走向数字文明。由此，人类从"人权""物权"迈向"数权"时代，法律完成了从"人法"到"物法"再到"数法"的巨大转型。数权的本质是共享权，往往表现为一数多权，不具排他性。数权既包括以国家为中心的数据主权，也包括以个人为中心的数据权利。数据主权指向的是公权力，核心是数据管理权和数据控制权。数据权利指向的是私权利，核心是数据人格权和数据财产权。数权法是调整数据权属、利用和保护的法律制度，它构建人类迈向数字文明的新秩序，孕育并催生新的数字文明。

第一编 块数据

大数据作为创新浪潮的重要标志正逐步渗透到人类生产生活中，然而，数据孤岛、数据垄断等问题却限制了大数据的发展。立足实践，块数据作为大数据发展的高级形态，为挖掘数据价值提供了解决方案。块数据理论极具前瞻性地分析了未来经济和社会的变革，并对未来大数据领域的发展进行了研判。

块数据是把各种分散的（点数据）和分割的（条数据）大数据汇聚在一个特定平台上并使之发生持续的聚合效应。其中，"各类数据"是指不局限于物理空间或行政区域内涉及人、事、物等各类数据的总和；"特定平台"既包括特定的物理空间，也包括虚拟空间；"持续聚合"的实质是一种关联性集聚，关联性集聚实现的是数据多维的跨界关联，也是一种内在的、紧密的高度关联。块数据通过聚合效应即通过数据多维融合和关联分析对事物做出更加快速、更加全面、更加精准和更加有效的研判和预测，从而揭示事物的本质规律。

块数据的产生打破了传统信息不对称和物理区域、行业领域对数据流动的限制，极大地改变了数据的采集、传输、分析和应用方式，进而给各个行业的创新发展带来新的驱动力，推动各类产业彻底变革和再造。块数据通过对复杂科学思维的技术化处理，让复杂科学方法论成为可具体操作的工具，形成了一种全新的大数据方法论。块数据强化开放共享、跨界融合，是一种利他的、共享的观念，它将成为新数据时代的主流文化，并孕育出一种新的社会文明。从某种意义上说，块数据的产生标志着人类真正步入大数据时代，将在新的历史起点上开启新的征程。

一、点数据、条数据和块数据

大数据的价值在于海量和关联。随着移动互联网和物联网的发展，社会的数据量激增，据相关分析机构统计，近两年产生的数据量已经超过过去人类社会生产的数据总和。同时，互联网把人类海量数据连接起来，通过数据收集、存储和挖掘等方法，将数据转化为知识，发现数据的价值。平台化、关联度高、集聚力强、价值密度高等特点决定了块数据可以挖掘出数据更高、更多的价值，推动大数据发展进入一个新阶段。打破"点""条"的界限，让大数据实现在"块"上的"点""条"融合，是未来大数据发展的必然趋势。

（一）点数据：离散系统的孤立数据

互联网和移动通信技术的高速发展，引发数据以爆炸式的速度增长，但其中有较大规模的数据独立存在着，没有同其他数据建立连接，形成了一个个分散的点数据。点数据是来源于个人、企业及政府的离散系统，涉及人们生产生活的各个领域、各个方面、各个层次和各个环节，这类数据已经被电子系统识别并存储在各种相应的系统中，但是由于没有与其他数据发生价值关联，或者价值关联没有被呈现，造成未被使用、分析甚至访问。点数据是大数据的重要来源，与生产生活息息相关，具有体量大、分散化和独立化等特点。

个人点数据。个人点数据主要是在居民的衣、食、住、行、用、游、娱等活动中产生的孤立数据。随着智能手机、可穿戴设备以及虚拟现实设备的快速发展，每个人每天都会产生大量的数据。但是，手机上的各类APP应用基本是满足人们某一方面的需要，由于存在应用壁垒，数据很难汇集起来，应用只能根据自己采集到的点数据来分析人们健康、工作以及生活，难以给出具有针对性、全面性的建议。

企业点数据。企业点数据的产生主要是由于传统企业管理模式的限制和信息系统缺乏统一规划导致的。传统企业的理念通常是将企业组织结构按照业务的不同来进行划分，各个部门独立掌管着自己部门的数据，部门之间业务交叉较少，形成了数据交换的组织壁垒。另外，企业所构建的数据系统大都缺乏统一规划，各个部门均使用独立开发的数据系统进行业务处理，数据系统由不同的数据库、操作系统和应用软件组成，导致数据孤立在封闭的离散系统之中，形成了大量的企业点数据。

政府点数据。政府点数据的产生主要是由于信息化基础薄弱、分散存储以及系统之间难以实现互联互通导致的。首先，政府部门信息化系统建设不全面，部分业务开展缺乏相应的系统提供支撑，使得部分数据仍然以纸质形式存在，从而导致数据不能成体系地在部门内部汇集。其次，由于各部门数据采集的目的不同、录入标准不同，导致各类数据概念不统一、要素不完善、编码不唯一，使得各类业务、执法等数据以一种"自成体系"的状态存储在不同部门。另外，单个部门内拥有国家垂直系统、省级垂直系统、市级垂直系统以及自建系统，但每个系统又不能互联互通，导致部门数据零散地分布在各个离散系统之中。

点数据来源于生产生活的各个方面，利用这些数据一定程度上提高了人们生产生活效率，但潜在的一些问题也开始慢慢显露出来，主要包括数据垃圾、数据碎片化以及数据失控三个方面。

数据垃圾。点数据中有大量的数据垃圾，主要包括无效数据和干扰数据。无效数据主要是指不在特定数据处理范畴的数据，其存在与否不影响数据分析的结果。无效数据的存在不会对数据分析结果产生任何影响，但会增加数据处理的负担。干扰数据是指点数据在采集或存储过程中产生的扭曲数据，包括缺失数据、异常数据以及重复数据等，这些数据的存在会对数据处理造成干扰，影响数据分析结果的准确性。

数据碎片化。点数据以碎片化的形式存在于不能互联互通的孤立信息系统之中，导致运维成本高、交换效率低以及管理难度大等问题。点数据存在于不同信息系统之中，使得同一数据针对不同系统，需要重复录入。同时，不同部门存储着大量冗余数据，需要对不同信息系统进行维护。点数据分散在不同部门，部门间存在信息不对称、交换效率低、传输成本高、不易扩散、容易出错等问题，加大了企业或政府内部的管理难度。

数据失控。点数据分散在孤立的信息系统中又得不到有效防护，造成数据泄露事件频繁发生，使得人们失去了对数据的控制力。从公安机关统计的数据来看，近几年与数据安全有关的违法犯罪呈增长态势，不法分子利用各种手段窃取和贩卖公民个人数据以及企业或政府内部数据；一些传统类型的违法犯罪活动也转变为更多地利用和针对互联网开展实施，比如网络诈骗、网络赌博、网上盗窃等，从而导致了大数据时代下的数据失控危机。

（二）条数据：单维度下的数据集合

无论是传统行业所汇聚的企业内部数据，还是各级政府实施的信息化工程所掌握的卫生、教育、交通、财政、安全等部门数据，再或者是互联网企业存储的电子商务、互联网金融等新型行业数据，都可以被定义为条数据，即在某个行业和领域呈链条状串起来的数据。政府各部门的信息化建设大都以部门为单位进行局部推进，使每个部门都掌握了大量该领域的数据，这种模式导致地方信息化建设呈现出纵强横弱的现象，地方的整体布局被孤立的系统所割裂开，形成了一个个"数据孤岛"和"数据烟囱"。企业之间同样存储着各个领域的条数据。阿里巴巴掌握着电商大数据，其会记录下消费者在淘宝或天猫上的每一次交易记录；腾讯掌握着社交大数据，从门户网站到 QQ、微信、微博、游戏等多个平台，充分、完整地记录了人们在互联网上的行为轨迹和社交属性；百度掌握着搜索大数据，记录了中国75%以上网民搜索关键词、搜索时间、搜索频率等数据。这些数据在商业领域都是以条数据的形式分散在企业内部。

目前，大数据的应用大多是以条数据呈现的。实际上，条数据已经实现了数据的聚集，即在一定条件下同类型、同领域的集中，这种集中称为数据的指向性聚集。这种聚集实现了同类数据的关联，使得人们能够清晰地掌握某个领域的整体状况和最新动态，进而提高预判的准确性，降低生产和生活成本，使数据的使用提升到一个新的层次。但是，这种条数据的处理方式将数据困在一个个孤立的链条上，相互之间不能链接起来。在思维模式上，条数据是传统人类研究范式的数据化体现，是对单领域的深化，不同领域间彼此割裂、互不融通。条数据是当前大数据发展的主要瓶颈，主要带来了数据孤岛、数据垄断以及数据预测失真等问题。

数据孤岛。条数据难以在更大范围内进行数据交换、共享，使得某一行业或领域的数据成为一个个孤岛。数据孤岛影响了数据价值的体现，制约经济社会发展以及高效、透明政务体系建设。条数据会增加行业、部门间的数据共享成本。各部门、行业都有自身的数据系统，跨部门、跨行业的数据交换会造成大量的人力、物力资源消耗。单维度的数据难以从中发现新知识、创造新价值、提升新能力，更难发现海量数据聚合背后的巨大价值。

数据垄断。条数据具有单维度性和封闭性，数据被少数企业或部门所垄断。从目前的发展趋势来看，通信、银行以及新兴互联网企业凭借着数据采集、分析、利用等技术优势，正大量占有并垄断数据。百度、腾讯、阿里巴巴等龙头企业在呼吁开放数据的同时也将用户搜索、社交、购物等数据垄断，使得数据难以开放和流通。这不仅会导致数据资源价值难以发挥，还会阻碍商业、民生及治理方面的创新。

数据预测失真。仅仅凭借某行业或领域的数据很难把握未来社会发展规律，难以实现科学的精准决策。当对特定行业、特定范围事物的预测仅限于利用特定领域的有限数据时，做出的"科学"预测也就失去了科学性，以偏概全，甚至出现重大偏差。例如，若只考虑金融或互联网行业的发展数据，很容易预测经济发展的持续增长趋势，但如果忽略了农业、服务业以及重工业的发展数据，就可能造成数据预测失真。

（三）块数据：特定平台上的关联聚合

块数据打破了点数据、条数据存在的数据孤岛和数据垄断，是一种新的数据观。与条数据的指向性聚合不同，块数据是具有高度关联性的各类数据在特定平台上的持续聚合。其中，"各类数据"是指不局限于物理空间或行政区域内涉及人、事、物等各类数据的总和；"特定平台"既包括特定的物理空间，也包括虚拟空间；"持续聚合"的实质是一种关联性聚集，实现的是数据多维的跨界关联，是一种内在的、紧密的高度关联，这种高度关联不是数据的简单相加而是数据的聚合。数据的关联程度越高，聚合的能力就越强，持续更新的速度就越快，基于此形成的关联分析和关联挖掘的深度、广度将不断拓展。如果说指向性集合带来的是规模效应，那么关联性聚合将实现激活效应，并循环往复，实现质变。

块数据打破了物理区域、行业领域之间的信息不对称，通过对不同标准、来源的数据进行清洗、存储、分析、挖掘和集成，改变了传统数据的产生、加工、组织以及传播的方式，进而为各行业的发展注入了新的动能，加速了各产业的改造与彻底革新。块数据具有主体性、高度关联性、多维性、强活性以及开放性五大基本特征。

主体性。如果说条数据是围绕着"物"而产生的，那么块数据则是因"人或组织"而存在的，它呈现出主体性。大数据用人的思维观察和解释数据，而块数据则是用数据思维去观察和解释人的行为规律。块数据的框架将推动人类行为与数据的交互影响以及人类自身的进步。

高度关联性。高度关联性是块数据的本质属性。高度关联性数据具有两个典型的特征——影响力大和感应度强。当影响力大的数据发生变化时，就会通过数据之间的相互关联产生波及效应，在数据持续集聚中发挥更大的作用。感应度强的数据在持续集聚中能迅速地感知其他数据的变化，并灵敏地应对与调节。高度关联性主要体现在以下几个方面：首先，高度关联的多维数据集聚在特定平台；其次，高度关联的数据间建立了一种彼此连通、相互交融的连接格局，这种格局具备灵活性、网络性以及融合性；最后，平台上的多维关联数据之间形成相互影响、催化、激活的关联机制。

多维性。相对于条数据，块数据呈现出立体多维性。这种多维性带给我们的是一种整体、关联、系统、灵敏地审视与适应世界的方式，使我们的视野不仅仅局限于孤立的单元或领域。块数据的多维性表现在四个方面：第一，无边界，即块数据跨界融合了各类数据，形成了无边界的数据有机体；第二，不确定性，这既是块数据的价值所在，同时也带来了更高的风险；第三，非线性，当数据持续集聚到一定程度，外部作用将使得块数据内部的各类数据相互作用，从而获得更加接近真相的规律；第四，超时空，数据能量和质量将超越时空地持续聚合，产生时空扭曲或时空折叠，并形成数据引力。

强活性。强活性是一种能迅速自主反应或促进其他相关反应的激活属性。块数据的强活性主要表现为自激活和他激活两种状态。自激活是在高度关联的各类数据接收到外部信号之后的一种反应，即外部信号和各类信号的运行规则高度契合时，数据就会实现自激活，数据重新连接、重新生成，以获得源源不断的数据应用价值。他激活是指在获得外部信号之后，其中某类强活性的数据会扮演催化剂的角色，能够提高或降低其他数据相互反应的速率，实现重新连接和重新生成，而本身没有发生变化。

开放性。块数据的开放性是指数据与数据之间、数据与外部环境之间发生交互关系的属性。块数据的开放性是实现集聚、关联并重构价值的基础条件。块数据的开放性表现为以下特征：第一，可介入，高度关联的各类数据可以在没有任何障碍、没有任何限制的条件下自由流动，从而实现持续集聚；第二，可拓展，高度关联的各类数据在实现持续集聚的过程中，将在一个更大的预留空间内进行相互作用，实现自激活和他激活，且这种相互作用将不断循环往复达到一种自发性、自组织和自流程状态；第三，可输出，在自激活和他激活完成之后，块数据的开放性将实现数据由内部到外部的传递，将为接下来的智能碰撞、人机交互提供条件。

二、块数据是大数据时代的解决方案

　　块数据是大数据的核心价值，是大数据发展的高级形态，是大数据的解决方案。大数据时代出现的问题需要靠块数据来解决。块数据与大数据相伴而生，把大数据和块数据加以区分，会让我们更加全面地认识块数据。大数据强调数据的跨界与多维度，块数据更多强调数据的融合，强调把点数据和条数据汇聚到一个平台后发生的变化。大数据强调的是信息化，块数据更多强调的是自流程化。信息化和自流程化的区别在于信息化是用人脑去分析数据，而自流程化是用数据技术分析人的行为。大数据强调以技术为中心，块数据强调以人为中心。块数据技术是互联网、大数据、云计算、物联网、人工智能融合发展的结果。

（一）块数据是大数据的核心价值

大数据的发展对经济社会发展和人类思维观念带来了革命性影响，成为美国、英国等许多国家和地区的重要发展战略。我国也在推进大数据产业的战略性发展，《促进大数据发展行动纲要》对大数据进行了全面解释，文中提到大数据是以容量大、类型多、存取速度快、应用价值高为主要特征的数据集合，正快速发展为对数量巨大、来源分散、格式多样的数据进行采集、存储和关联分析，从中发现新知识、创造新价值、提升新能力的新一代信息技术和服务业态。从这一定义可以看出，发展大数据的核心价值是让人们发现新知识、创造新价值以及提升新能力。

块数据是通过对各个行业、各个领域条数据的解构、交叉与融合，实现从多维数据中发现更多、更高的价值。它把一个地区涉及商业、农业、民政、医疗等不同领域的经济和公众数据进行汇集、聚合、打通，形成一个共享、开放的"块数据"池。块数据以其自身具有的平台化、关联度高、集聚力强、价值密度高、开放共享等特点，能够从数据中挖掘出更高、更多的价值。数据的真正价值在于应用，块数据经济、块数据治理和块数据组织都体现着大数据的核心价值，有着广阔的应用空间和前景。

块数据经济。块数据为推动新产业、新业态和新模式提供了新动能。块数据通过特定平台集聚各方数据，对数据进行关联分析，实现发现新知识、创造新价值、提升新能力的目标。块数据将解构和重构资源配置方式，从经济动能、经济结构上改变传统的生产力和生产关系，深刻地推动整个经济格局的变革和价值链的重构。

块数据经济是一种新的经济模式，具有资源数据化、消费协同、企业无边界、零边际成本、极致生产力等特点。块数据经济使人类从数据社会走向共享经济进而迈向共享社会。资源数据化让闲置资源的再配置和再分配变得更高效，这种配置方式将所有权和使用权分离，进而实现效率与公平的动态平衡。这种模式将加速新经济的发展，共享社会新范式将出现。

块数据治理。政府是数据最大的生产者和拥有者，运用数据的特征重塑政府自身模式，进行行政流程再造，核心是用数据对政府组织模式和政府形态进行再造，用数据优化权力运行流程。块数据理论强调，权力数据化和数据权力化是未来政府发展的基本趋势和内容，依托大数据实现政府行政流程的再造以及制度安排的优化是廉洁政府建设的要义。块数据治理主要应用在数据政府、公权治理、数据铁笼等方面。以政府为对象的块数据治理是以块数据技术为基础，通过全程采集、记录行政行为数据，全面监控行政执法过程中的风险，实现权力流程数据化、权力数据融合化和权力数据监察化。块数据治理打破了原有公权力对数据传播流向和内容的控制与垄断，极大地提升了政府治理的"能见度"，通过量化不同事物之间的数理关系，实现一种极致治理。

块数据组织。块数据组织是顺应数字经济时代而产生的复杂组织形式，是网络状组织形态的更高层级组织形式。块数据组织边界超越一般组织的边界，不仅具有可渗透性和模糊性，还具有自相似、自学习与动态演进特征。块数据组织不再是通过建立组织壁垒的方式获得成功，而是更需要形成开放与合作的组织结构，让外界容易纳入。只有迭代的愿景和迭代的战略性思考，才能让组织更智慧、更具弹性。在块数据组织的新范式下，强调数据人的利他主义，基于利益最大化机制，价值创造与价值分享紧密地联系在一起，形成一个互补型生态系统。价值创造的目的是价值分享，以共享利益的方式驱动各方参与价值创造以实现价值创造的最大化。

（二）块数据是大数据发展的高级形态

块数据不是大数据的分支，更不是大数据的翻版，而是大数据发展的高级形态。块数据对人类生产生活的影响是全方位的。块数据采用以人为原点的数据社会学分析方法，更加强调用数据技术分析人的行为、把握社会规律、预测人类未来。激活数据学作为大数据时代新的数据观和方法论，将对未来不确定性和不可预知性进行精准地预测。数据力与数据关系的提出，将革新生产力和生产关系，并引发更为广泛的社会经济活动。

以人为原点的数据社会学分析方法。以人为原点的数据社会学范式，核心是用数据技术而不是人的思维去分析人的行为、把握社会规律、预测人类未来，这将改变我们的思维方式和社会生活方式，改变世界上物质与意识的构成，改变我们的世界观、价值观和方法论。块数据以人为原点，提出数据人的假设，重构人与物的关系，实现人与人、物与物、人与物的全方位高度关联，实现人类社会的整体社会化。数据社会学范式把辩证法运用于认识论，为解决大数据时代人类所面临的问题提供了一种具有普遍意义的认知和思维方式。通过对本质与现象、内容与形式、原因与结果、必然性与偶然性、可能性与现实性等范畴的深入研究，以数据化的手段揭示事物的本质联系，从而更加准确地把握客观世界的基本规律。数据社会学分析范式强调世界的复杂多样性，更强调事物的潜在关联性，依此建立一种基于复杂理论的系统分析方法，并根据定量指标检测事物发展的引爆点，确定应对的方式方法。在这个分析系统中，智能体的行为以及人机交互将发挥至关重要的作用。

块数据带来了大数据时代的范式转移，以社会学为基础，融合计算机、云计算等技术工具进行多维度的数据分析，将带来新的社会范式和科学范式。这种范式转移又必将引发新一轮数据革命，并导致新技术的产生和人们生产生活方式的巨大变革。从一定意义上讲，块数据社会学范式的提出是在技术革新的基础上形成的理论革新，这是一场意义深远而又科幻的科学革命，这场革命将改变我们的思维方式，改变物质与意识的构成，影响我们的世界观，这场革命是顺势而为的。

激活数据学。激活数据学是以快速发展的人工智能为基础，以人机交互的方式，使高度智能化的数据与高度数据化的智能相互融合，在特定平台上实现高度关联数据的碰撞与激活，精准把控未来的不确定性和不可预知性。块数据内部的关联数据一旦被激活，其内部数据的价值将被释放，产生远大于个体价值总和的效应，达到"1+1>2"的效果。激活数据学主要包括数据搜索、关联融合、自激活、热点减量化、智能碰撞五个步骤。其中，数据搜索是根据某种信号组织块数据中相关数据的行为；关联融合是将多个数据源中的关联数据进行抽取、整理，融合成一个多元价值目标的数据分析集；自激活是块数据价值释放的临界点，其过程类似于人类神经元活动，是激活数据学的核心环节；热点减量化是通过剔除奇异数据降低数据噪声，将激活后的数据划分层次，进而提高数据融合分析的准确性；智能碰撞是高度活跃的关联数据相互融合、聚变、创造新价值的过程。

激活数据学作为大数据时代预测未来不确定性和不可预知性的新理论，客观描述和解释了块数据的运行规律，解决了人们面对海量数据的困扰，为以人为原点的社会学思维模式的构建提供了理论基础，让不确定性对抗确定性成为可能。激活数据学填补了块数据理论的研究空白，让人们从块数据的实践探索走向理论研究，这将更为广泛、更为深入地推动块数据的发展。从某种意义上来说，激活数据学将对传统的大数据思维产生颠覆式的影响，并在大数据领域开辟新的战略制高点。

数据力和数据关系理论。数据力与数据关系不断推动数据社会的发展，并引领社会发展模式的颠覆性变革。数据力是大数据时代人类利用数据认识和改造自然的能力，既是一种认知能力，又是一种发展能力，归根结底是一种数据生产力，是推动数据时代发展的根本力量。由于这种力量的相互作用影响，整个社会的生产关系被打上了数据关系的烙印，这种新的数据关系，是生产关系的一种解构和重构，具有重大的理论和实践意义。

生产力与生产关系的矛盾，是推动人类社会发展的根本动力。同样，数据力和数据关系也在推动着数据社会加快发展。决定数据力高低的主要因素是数据人，而数据处理能力水平则是衡量数据力水平的重要标志。数据处理能力是从数据中提取有效、有用信息的能力，主要包括数据采集能力、数据存储能力、数据关联分析能力、数据激活能力和数据预测能力。数据力与数据关系影响社会关系，数据力的发展会带来数据关系的变化，必将引发整个社会发展模式前所未有的变革和重构。

（三）块数据是大数据时代的解决方案

大数据时代，随着移动互联网和通信技术的快速发展，数据发生了爆炸式的增长，使得人们产生了"见到得不到"的焦虑。主要表现为如何从得到的海量数据中快速获取有效数据及如何对海量数据进行处理分析，从而发现数据关联，再造数据价值。近似无限的可获取数据量和有限的数据处理能力之间的矛盾，带来了"见到得不到"的焦虑。第一，快速获取有效数据的焦虑由两个方面的原因引起，一方面是每时每刻都会产生体量巨大的数据，这会造成数据超载现象，让人们疲于在海量的数据中快速获取有效数据；另一方面是信息热点更新极为快速，人们的专注和思考能力被撕成碎片。信息热点容易淹没在海量的数据中，这会影响人们快速获取有效数据。第二，大数据时代最关键的是数据处理能力。大数据不等于大价值，我们需要通过数据处理等手段获取数据价值，然而，目前数据处理能力远远跟不上数据产生的速度，人们由此产生数据焦虑。

块数据模型。在数据迁移作用下，通过对数据流动、集聚、关联、价值发现与流程再造进行描述，发现由数据集群到跨界融合的转变规律，这个块数据理论的具体实现称为块数据模型，即 $K=S(V，P)$。其中，K 代表块数据，S 代表平台化，V 代表关联度，P 代表聚合力。平台化、关联度与聚合力是块数据形成的三个重要环节。其中，平台化是块数据形成的基础性条件，强调的是数据流动与聚集，对数据进行关联与聚合发挥着关键作用。关联度是块数据形成的关键环节，是在数据流动与聚集的基础上，强化数据之间的显性连接，同时发现数据之间的隐形连接。聚合力是块数据形成的核心环节，在这个环节要完成数据价值再造，实现数据价值再造是块数据的核心价值。块数据模型揭示了块数据内在的运行规律和价值关联，是解决数据焦虑的有益探索。

离散化解构和全息化重构是块数据的重要特征。离散化是对连续性的否定，是把连续型数据切分为不连续的若干段。离散化解构是将原有的数据结构打破，使其分解成基本的、离散的数据单元，即数据元。全息化重构是经由数据处理平台对多维度、多类型和多方位的数据元进行重组。全息化重构是离散化解构的最终价值体现。在离散化基础上，经由数据处理平台进行全息化重构形成一个全息的价值再造过程。之所以要对已有数据进行解构，并在此基础上进行重构，是因为已有数据在解构之后通过重组可以产生更多的价值。

块数据价值链理论。伴随着数据经济、网络社会、移动互联、人工智能等诸多世界经济发展动态和趋势，价值链理论的重心不断地转移，呈现出从实物到虚拟、从线性到非线性、从单个组织内部到无限边界等诸多变化。块数据价值链理论与传统价值链理论不同，其强调通过对价值链各节点上的数据进行采集、传输、存储、分析以及应用，实现数据的价值创造以及在传递过程中的价值增值。

　　块数据价值链具有新价值载体、新传递机制和新配置范围三个重要特征。新价值载体，数据流成为与资金流、物质流与人才流同等重要的价值载体。新传递机制，从价值传递形式看，链式结构被拓展成网状结构，形成价值网络。新配置范围，由于块数据的泛边界性，使得突破原有特定组织和地域限制，在更加广阔的范围内调动资源，实现优化配置成为可能。

三、块数据的理论创新

　　块数据理论不仅是一个概念还是一个创造性的理论体系。《块数据1.0：大数据时代真正到来的标志》一书（以下简称《大数据1.0》）创造性地提出了块数据概念，并探索了如何将其运用于大数据实践。《块数据2.0：大数据时代的范式革命》初步构建了块数据理论体系，揭示了块数据的本质规律和应用价值。《块数据3.0：秩序互联网与主权区块链》探索了块数据与区块链的融合创新，并拓展到互联网治理之中，构建起秩序互联网。《块数据4.0：激活数据学的场景应用》对块数据理论中的激活数据学——这一新的数据观和方法论，做了进一步探索与研究。《块数据5.0：数据社会学的理论与方法》对块数据理论提出的社会学分析新方法——数据社会学分析方法进行了体系化研究。从块数据1.0到块数据5.0是块数据揭示大数据发展规律的过程，也是对大数据未来发展趋势把握的过程。块数据理论将颠覆传统的世界观、价值观和方法论，形成和改变新的知识体系和生活方式，并深刻影响人类政治、经济、文化和社会生活的方方面面。

（一）块数据1.0：大数据时代真正到来的标志

任何科学理论都不是凭空产生的，而是时代的产物、实践的产物。块数据思想的诞生亦具有特定的时代背景与实践历程。2013年贵阳市制定了大数据发展战略，2015年2月，工信部正式批准贵阳市·贵安新区共创国家级大数据产业发展集聚区，这是我国第一个国家级的大数据产业发展集聚区。贵州省和贵阳市在发展大数据实践中的理论探索和理论创新正是块数据这个新概念、新思想、新理论产生的源泉。2015年5月，大数据战略重点实验室出版的《块数据：大数据时代真正到来的标志》首次对块数据概念、运行模式以及应用场景进行了系统性论述。从某种意义上说，块数据的产生，标志着人类真正步入了大数据时代，将站在新的历史起点上，开启新的征程。

从"数据"到"数聚"是块数据的起点。 数据是以分散、孤立、碎片化的点数据和条数据形式存在，将这些点数据和条数据汇聚到特定的平台，也就是通过"数聚"形成了块数据。块数据是多维、无限的变量。多维是将辩证法引入数据的分析和使用，形成块数据的辩证思维；无限不仅代表大数据带来的巨大数据体量，还反映数据在时间和空间上的辩证性质；变量是未知性，在多变量中探寻一些更为根本的，但又无法直接感知的隐形变量，把握事物发展的扰动因素，使不可预知变为可预测、可预警、可预案。块数据打破了物理区域、行业领域的数据壁垒和传统的信息不对称的限制，通过对不同来源、类型的数据进行清洗、存储、挖掘和整合，革新了数据采集、流通、处理以及应用的方式，为各行业的创新发展提供了新的动能，加快了各产业的彻底变革。

从数据解构到数据重构是块数据的机制。开放、共享、连接是块数据形成的基本机制，把块数据开放、共享、连接起来，又会产生更大的块数据网状结构，这种网状结构不是简单的堆砌，而是具有明显的网格、节点、脉络以及其自身内在的逻辑运行规律。块数据在集合过程中，既有数据空间的填充，也有空间数据的重构，既有集合过程中的组构，也有组构过程中的集合，既有新数据的汇集，也有基于原有数据组合后的衍生数据。块数据将使人们的信息获取方式、社交方式、生活方式、意识形态、社会组织模式发生深刻变革。

从多维数据到共享数据是块数据的价值。概括地说，大数据时代带给我们最大的好处就是多维和共享，就是每一个人在大数据时代能够快速分享人类最先进的文明成果，这种多维和分享是在任何时间、任何地点、任何人、任何事、任何方式获得任何信息，这就是共享的魅力。共享是大数据时代对人类最大的贡献，我们过去不知道的事现在可以知道，我们过去不能获得的信息现在可以获得，过去少数人拥有的东西，现在大多数人都能拥有，这就是共享。共享正在成为一个新时代的标志。所以，得"块"者得天下，得"块"者得未来。

（二）块数据2.0：大数据时代的范式革命

以国家大数据综合试验区建设为背景，立足贵州大数据产业发展实践，大数据战略重点实验室对块数据理论进行了深入研究，并于2016年5月出版了《块数据2.0：大数据时代的范式革命》。这本书围绕"范式革命"主线，进一步对块数据理论进行深入研究，提出了数据引力波概念，揭示了数据从因果性到相关性的范式转移，以及人类社会从条数据时代迈向块数据时代的必然趋势。从整体结构、内在机理和运行流程等方面为块数据构建了一个科学模型。块数据模型的建立是块数据研究取得突破性进展的重要标志，激活数据学正成为预测未来的新理论，自流程化正成为应对不确定性的新方法。

块数据理论创新。块数据带来了一场新的科学革命，这场革命是以人为原点的数据社会学范式，核心是用数据技术而不是人的思维去分析人的行为、把握社会规律、预测人类未来。这是一场意义深远的科学革命，它将改变我们的思维方式和生产、生活方式，改变世界上物质与意识的构成，改变我们的世界观、价值观和方法论。大数据时代是一个更加开放、更加复杂的巨系统，不确定性和不可预知性使一切坚固的东西都将可能烟消云散。数据力和数据关系的理论观点使块数据理论上升到人类社会发展规律的高度，推动大数据从技术层面向社会科学的跨越和转型，将对整个人类社会的思维模式和行为范式产生根本性、颠覆性变革。

块数据应用创新。块数据的真正价值在于应用，块数据在商用、民用、政用等领域都有着广阔的应用空间和前景。孤立的数据本身不存在价值，只有通过数据与人的互动、关联和融合，实现数据与人、物、事之间关系的重构，才能最终形成全新的价值链条——块数据价值链。块数据价值链是基于商业的全产业链、社会的全服务链和政府的全治理链，通过数据价值中枢，以数据流引领技术流、物质流、资金流、人才流、服务流，推动产业业态、社会形态、国家治理模式等一系列变革，实现数据价值的最大化。块数据价值链的本质是实现超越资源禀赋的新的价值整合，通过数据驱动，实现产业重构和价值再造；通过需求识别，实现公共服务需求导向的转变以及模块化供给体系的构建；通过数据感知与预测，实现块数据治理的精细化和精准化。

块数据方法论与价值观创新。块数据更加注重整体性、多样性、关联性、动态性、开放性和平等性，通过对复杂性科学思维的技术化处理，使得复杂性科学方法论变成可以具体操作的工具，是定性与定量的结合，让过去难以量化的人文社会科学实现了精确的研究，是一种全新的大数据方法论。块数据强调开放共享、跨界融合，是一种利他的、共享的观念，利他主义将成为新数据时代的主流文化，并孕育一种新的社会文明。社会文明的进步不是一蹴而就的，新社会文明的出现必然伴随着文明的冲突和伦理的重构，虚拟与现实、利己与利他、规范与自由、封闭与开放、权威与民主之间的冲突和妥协必将引发一场新的革命。

（三）块数据3.0：秩序互联网与主权区块链

近年来，数字经济快速发展，产生了巨大活力，使各国政府都非常关注数字经济，纷纷出台国家层面的数字经济发展战略。在我国，以2015年出台的《促进大数据发展行动纲要》为标志，将大数据发展上升为国家发展战略。而贵州省及早地发现先机，2014年就将大数据确定为全省的发展战略，实质上是抢占了发展数字经济的先机，与全球、全国数字经济发展大势实现同频共振。为加快数字经济的发展，2017年2月16日，贵州省印发了《贵州省数字经济发展规划（2017—2020年）》。2016年12月31日，贵阳市发布了《贵阳区块链发展和应用》白皮书，区块链将对现有的互联网进行升级，实现从信息互联网迈向价值互联网，以解决互联网信任为切入点促进数字经济发展，以共识、共治、共享为抓手革新网络治理模式，加速大数据的发展。

贵阳市作为大数据先驱者和探行者，将"块数据"理念率先应用于具体实践，努力建设块数据城市。在"块数据"理念的应用中，充分意识到数字经济是创新最活跃、辐射最广、包容性最强的经济活动，将各类数字经济和数字技术应用全面渗透到国民经济与社会发展的各个领域，成为经济增长的重要驱动力；秩序互联网将构建新的互联网社会生态和社会秩序，推动不同主权和不同社会阶层构建基于规则共识、行为共识和价值共享的信息文明新秩序，使人们自愿地成为数据和价值的提供者与使用者；区块链技术将推动形成人类社会在信息文明时代新的价值度量衡，构建一套经济社会发展以及人们生产、生活各类活动的新诚信体系、价值体系、秩序规则体系。

大数据战略重点实验室出版的《块数据3.0：秩序互联网与主权区块链》的一个基本出发点，就是要让理论走在实践的最前面，以理论创新推动数字经济、大数据、秩序互联网与主权区块链的深度融合与发展，抓住国家大数据综合试验区建设的历史机遇，在服务全国中发展贵州，在实践国家战略中发展贵州。从数字经济、秩序互联网以及主权区块链着手，深入研究"块数据"实践中数字经济如何推动经济的包容性增长，以及秩序互联网如何构建政府、互联网企业、社会组织等多元主体协商合作、共同治理的新模式，区块链技术如何助力互联网治理科学化。

（四）块数据4.0：激活数据学的应用场景

在大数据时代，对未来不确定性和不可预知性进行精准的研判，是块数据实践过程中迫切需要解决的关键问题。贵阳市的决策者和管理者针对此问题进行了深入研究与实践探索，并创造性地提出了激活数据学理论，并在一些领域开始了系统性探索。激活数据学正成为大数据预测未来的新理论，自流程化成为应对不确定性的新方法。激活数据学基于复杂系统理论，集合了多领域、跨学科、将颠覆并替代传统的思维模式，在大数据领域开辟一个新的战略制高点。

大数据战略重点实验室出版的《块数据4.0：激活数据学的应用场景》将从数据搜索、关联融合、自激活、热点减量化以及智能碰撞五种运行规律对激活数据学进行研究。数据搜索是激活数据学中的准备阶段，是块数据系统以及某种信号组织相关数据的一种行为。关联融合是激活数据学中的预处理阶段，它以产生多元价值为目标将多种数据源中的相关数据提取、融合、梳理整合成一个分析数据集。自激活是激活数据学研究的核心环节，是数据价值释放的临界点。热点减量化是实现数据处理资源优化配置的理想路径，提高数据深度处理效率。智能碰撞是数据单元被激活后，利用彼此间的高度活跃度，相互融合变形成创新性的信息，并释放大量的数据价值。

（五）块数据5.0：数据社会学的理论和方法

大数据时代的到来，自然科学与社会科学的融合发展成为必然。传统的、独立的学科理论很难对块数据进行诠释，块数据——以人为原点的数据社会学范式就是在这种背景下形成的一个新的学术成果。从一定意义上说，块数据社会学范式的提出就是在技术革新的基础上形成的理论革新，这将是一场意义深远而又科幻的科学革命，这场革命将改变人类的思维方式，改变世界上物质与意识的构成，改变人们的世界观，这场革命是顺势而为的。

大数据战略重点实验室出版的《块数据5.0：数据社会学的理论和方法》将对块数据理论体系中的以人为原点的数据社会学分析方法进行深入研究。本书将主要从数据社会学思维模式、数据社会学理论以及对实践的指导进行研究。对数据社会学思维模式的进一步探讨，不仅会改变人类既有的经验积累，还会改变既有的思维范式，形成全新的世界观，进而颠覆传统的思维模式、资源配置模式和社会运行模式。运用激活数据学的理论和方法实现对以人为原点数据社会学的进一步研究，通过人机交互、智能碰撞等数据技术去分析人的行为、把握社会规律、预测人类未来。以人为原点的数据社会学分析方法对实践指导和场景应用进一步阐释，让每个人享受到由数据带来的红利，从数据社会迈向共享社会。

第二编　主权区块链

世界经济论坛主席施瓦布曾说过："自蒸汽机、电和计算机发明以来，我们又迎来了第四次工业革命——数字革命，而区块链技术就是第四次工业革命的成果。"区块链与互联网的结合，将在技术上把可复制变成不可复制，或者说是有条件的可复制，这个条件就是从无界、无价、无序走向有界、有价、有序。当前比较一致的观点是，区块链具有可记录、可追溯、可确权、可定价、可交易的特征，为大数据的进一步发展提供了可选路径和无限遐想。但是从2008年诞生以来，区块链并没有得到广泛应用，其中没有在法律层面上解决数据权属问题是重要原因之一。

构建网络空间命运共同体，必须以尊重网络主权背后的国家主权为前提。主权区块链就是在坚持国家主权原则的前提下，加强法律监管，以分布式账本为基础，以规则和共识为核心，根据不同的数据权属、功能定位、应用场景和开放权限构建不同层级的协议，实现公有价值的交付、流通、分享及增值。如果说区块链具有共识的技术属性，那么主权区块链就是一个包括共识、共治、共享在内的统一体。从区块链到主权区块链，并不仅仅是对区块链的弥补，更大的意义在于为网络空间治理带来了新理念、新思想和新规制。

主权区块链的发展需要符合内外因相互作用的基本规律，既要在全球治理体系中形成共赢的价值导向，又要在法律层面寻求体系上的突破；既要在密码标准、跨链技术、自主测试平台等方面提供技术支撑，又要在互联网金融等重点领域实现应用创新，真正形成重构网络空间运行秩序的力量。

一、重新认识区块链

（一）区块链：从1.0到3.0

2008年9月，美国爆发金融危机并蔓延至全球，正当社会各界对政府和中央银行采取的财政刺激方案和货币扩张政策表示质疑的时候，一个化名中本聪的人于2008年11月1日在一个隐秘的密码学讨论组上发表了一篇题为《比特币：一种点对点的电子现金系统》的论文，首次提出了比特币的概念[一]。中本聪在论文中指出：

[一] 高航，俞学劢，王毛路著，《区块链与新经济：数字货币2.0时代》，电子工业出版社。

"互联网上的贸易，几乎都需要借助金融机构作为可资信赖的第三方来处理电子支付信息。虽然在绝大多数情况下这类系统都运作良好，但是这类系统仍然内生性地受制于'基于信用的模式'的弱点。"[一]因此，我们有必要为当下的互联网贸易创建一套基于密码学原理的电子支付系统，以使交易双方在没有第三方中介参与的情况下直接进行支付，并且这个系统要解决两个问题，一是杜绝伪造货币，二是杜绝重复支付。正是在这样的背景下，比特币出现在了公众的视野当中，而区块链作为比特币的底层技术也随之诞生。

"区块链"是一个舶来词，是很多国人对 Block chain 的直接翻译，虽然社会业界都在热议它，但仍有很多专家学者认为"区块链"一词不能准确表达 Block chain 的真正含义。根据工信部2016年发布的《中国区块链技术和应用发展白皮书（2016）》，从狭义上来讲，区块链是一种按照时间顺序将数据区块以顺序相连的方式组合成的一种链式数据结构，并以密码学方式保证的不可篡改和不可伪造的分布式账本；从广义上来讲，区块链是利用块链式数据结构来验证与存储数据、利用分布式节点共识算法来生成和更新数据、利用密码学的方式保证数据传输和访问的安全、利用由自动化脚本代码组成的智能合约来编程和操作数据的一种全新的分布式基础架构与计算范式。虽然区块

　⊖　Satoshi Nakamoto 中本聪著，巴比特译，《比特币：一种点对点的电子现金系统》。

链最开始是作为比特币的底层技术而诞生的，但目前它的应用已经不仅仅局限在数字货币领域，在多个行业和领域都展现了独特优势，对推动社会各领域的发展以及运作方式的创新具有极大的价值和意义。根据区块链的发展脉络，其可大致分为三个发展阶段，即以可编程货币为特征的区块链1.0、以可编程金融为特征的区块链2.0、以可编程社会为主要特征的区块链3.0，主要是应用范围在发生变化。

区块链1.0：可编程货币。可编程货币是一种具有灵活性且几乎独立存在的数字货币，比特币是可编程货币的一种。比特币代表着一种新型的、去中心化的、无固定发行方的数字货币，它构建了一个去中心的、有序的、公开的货币交易世界，强烈地冲击了传统的金融体系，使价值在互联网中的流动变成了可能。区块链作为比特币的底层技术，构建了一个全新的数字支付系统，在这个系统里，人们可以进行无障碍货币交易或跨国支付。而且，基于其去中心化、不可篡改、可信任等特性，区块链保障了货币交易的安全性和可靠性，对现有的货币体系产生颠覆性影响。在比特币进入大众视野之后，又出现了以太币、狗狗币、莱特币等数字货币。可以说，区块链1.0设置了货币的全新起点，但构建全球统一的区块链网络却还有很长的路要走。[⊖]

区块链2.0：可编程金融。如果说在区块链1.0阶段，人们用脚本语言使比特币成为可编程的货币，解决了货币和支付手段的中

　　⊖　龚鸣著，《区块链社会》，中信出版社。

心化问题，那么在区块链2.0阶段，人们就是将脚本语言应用于货币以外的其他方面，利用区块链技术来转换许多不同种类的资产，从而更宏观地对整个市场进行去中心化。与过去比特币区块链作为虚拟货币支撑平台不同，区块链2.0的核心理念是把区块链作为一个可编程的分布式信用基础设施来支撑智能合约的应用。区块链的应用范围从货币领域扩展到具有合约功能的其他领域，交易的内容包括房产的契约、知识产权、权益及债务凭证等。同时，以太坊、合约币、彩色币、比特股等的出现，也预示着区块链技术正逐步成为驱动金融行业发展的强大引擎。

区块链3.0：可编程社会。 随着区块链技术的进一步发展，由于其去中心化、去信任等功能，区块链的应用已经超越了金融领域。区块链3.0不仅将应用扩展到身份认证、审计、仲裁、投票等社会治理领域，还涉足了工业、文化、科学和艺术等领域。通过解决去信任问题，区块链技术提供了一种通用技术和全球范围内的解决方案，即不再通过第三方建立信用和共享信息资源，从而使整个行业的运行效率和整体水平得到提高。在这一应用阶段，可以用区块链技术将所有的人和设备都连接到一个全球性的网络中，科学地配置全球资源，推动整个社会发展进入智能互联新时代，助力区块链成为推动社会经济发展的驱动力。

（二）网络结构与块链结构

网络结构：点对点（P2P）。 P2P一词来源于计算机行业，可翻译为对等网络、"点对点"网络或"端对端"网络，它是建构在互联网上的一种连接网络，是构成区块链技术架构的核心技术之一。与中心化网络模式不同，在点对点网络模式中，没有中心服务器或中心路由器。成千上万台彼此链接的计算机在点对点网络中的地位是对等的，每个计算机节点直接相连，自由进入和退出，拥有相同的网络权力。整个点对点网络不依赖于集中的服务器，即使区块链中的任何一个或者多个节点从网络中丢失，区块链中的数据也不会丢失。同时，所有节点通过特定的软件协议共享部分计算资源、软件或者信息内容。

区块链的点对点网络结构具有去中心化、公开透明、集体维护和隐私保护的特点。针对去中心化，点对点网络结构中不存在中心化的硬件或管理机构，信息和资源分散在不同的节点中，信息之间传输都是在节点之间进行的，所有节点的权利和义务是平等的，即使网络中的某一个节点损坏或信息丢失，也不会影响整个系统的正常运行。针对公开透明，点对点网络是开放的，区块链上的数据和区块链的运行机制是公开透明的，除了交易节点之间的私有数据被加密外，其余数据对全网各节点均可见。针对集体维护，点对点网络是公开透明的，其中的数据由整个系统中具有维护功能的所有节点共同参与，而且任何人都可以参与维护。针对隐私保护，在点对点网络结构中，信息和数据的传输是在各个对等的节点之间直接进行的，中间无须经过中心化服务器，因此极大地降低了用户隐私被泄露或被窃听的风险。

块链结构：完整记录交易历史。 区块链是由区块和链两部分构成的，其交易的数据以电子化的形式永久存储，形成数据存储单元，即"区块"。每个区块就像是一页账簿，每笔数据在账簿中按时间先后顺序自动排列。区块每隔一定时间就会自动生成，并记录下经过验证的、区块创建过程中发生的所有交易记录。新的区块只要被加入到区块链中，就很难更改或删除。时间戳将所有区块按时间的先后顺序有序链接起来，形成了一条区块的链条。

区块的结构分为区块头和区块体两部分。区块头包含了区块的关键信息，最为重要的一个信息是哈希值，包括头哈希值和父哈希值。一个区块的父哈希值一定和前一个区块的头哈希值完全一致，且每一个区块的哈希值都是唯一的、不可逆的。一方面实现了相邻两个区块的串联，从而得到一条有序链接的区块链，基于此可以追溯任意区块之前或之后的所有区块。另一方面可防止对区块链上任意信息的篡改，因为只要修改了某个历史区块中的任意内容就必须连带修改该区块之前和之后的所有区块，这几乎不可能实现。同时，区块头还包含了区块高度（区块顺序编号）、版本号、时间戳、Merkle 树根数据、难度目标和随机数等信息，保证了区块链数据库的完整性。区块中的区块主体则包含了经过验证的、区块创建过程中发生的所有交易记录。正常情况下，一旦新区块生成并添加到区块链尾部，那么这个区块的数据就不能被更改或删除。因此，区块链的块链结构保证了数据库的严谨性，实现数据不可篡改。

（三）加密算法、共识机制和时间戳

可以说区块链是一种技术架构，也可以说区块链是多项技术的集合，其核心主要包括共识机制、网络协议、加密算法、时间戳、Merkle 树和脚本技术等。其中，加密算法、共识机制和时间戳又是最为关键的核心技术。

加密算法。区块链解决的核心问题是在信息不对称、身份不确定的环境下，建立保证经济活动正常开展的"信任"生态体系。通过使用加密算法证明机制，区块链保证了数据的安全性和可靠性，确保整个网络的安全运行，以及网络中所有节点能够自由、放心地交换数据。区块链的加密算法主要包括散列（哈希）算法和非对称加密算法。其中，散列（哈希）算法是在散列函数的基础上构造的，其原理是将一段任意长度的信息转换成一个固定长度的字符串（即二进制值），即哈希值。只有两段信息完全一样，得到的字符串才会相同。如果这个数据发生哪怕是极其微小的改变，也会在随后的计算中产生不同的哈希值。计算过程中，一个哈希值有且仅有唯一的数据输入值，因此通过散列（哈希）算法得出的哈希值是唯一的、准确的。

非对称加密算法是指由对应的一对具有唯一性的公钥和私钥组成的加密方法，其主要作用是在网络中标识身份，并建立节点之间的信任。公钥加密的信息只能由与之匹配的私钥进行解密，反之亦然。通常情况下，私有密钥只有持有者知道，而公开密钥却可通过安全渠道来发送或在目录中发布，这样信息传播的安全性就大大提高。此外，在系统中交换信息时，公私钥的加密与解

密往往是成对出现的，即发送信息的节点使用私钥对信息签名、使用对方的公钥对信息加密，接收信息的节点使用对方公钥验证信息发送方的身份、使用私钥对加密信息解密。[⊖]

共识机制。随着信息技术的迅速发展，共识机制已经逐渐从一个抽象概念发展成分布式账本技术的重要支撑。共识机制是指网络中全部或大部分成员对解决谁来记账、如何记账、如何验证记账结果、如何创建区块、如何维护区块链等问题达成一致认识，这种共识是基于一套数学算法而实现的。参与者之间的共识就是区块链的核心，之所以是核心，主要是因为参与者在没有中心机构的情况下，必须就规则和应用方法达成一致，并同意运用这些规则进行交易。要实现一个具有安全性、可靠性、不可篡改性的去中心化系统，就需要在尽可能短的时间内保证分布式数据存储记录的安全和不可逆，这个过程的核心就是共识机制。全网各节点为实现自身利益最大化，都会自觉遵守网络协议中预设的共识规则，对网络中的每一笔交易进行认真验证和严格监督，几乎不可能出现合谋欺骗的情况。

区块链系统中的共识机制可根据系统类型及应用场景的不同，灵活选取。目前，常用的共识机制有工作量证明机制（PoW）、权益证明机制（PoS）、股份授权证明机制（DPoS）、实用拜占庭容错机制（PBFT）等。区块链基于各种共识机制，让链上的交易双方达成共识，为数字社会树立起新秩序，并基于这种达成共识的

⊖　唐文剑，吕雯著，《区块链将如何重新定义世界》，机械工业出版社。

规范和协议，以分布式点对点网络为基础，使全网各节点能够在去信任的环境中自由安全地交换数据、记录数据、更新数据，保证数据公开透明、不可篡改。

时间戳。区块链中的时间戳是指该区块产生的时间，该时间能够准确标识某区块的存在性、真实性和唯一性。只有该区块在某时间真实存在，才能相应得到确定的随机哈希值。每个时间戳会将前一个时间戳纳入其随机哈希值中，紧接着的时间戳又会对前面时间戳进行增强，以提高区块链的安全性能。[一]需要时间戳服务的电子文件利用数字签名技术加上时间戳，再由时间戳服务商予以签章记录，作为时间的证明。[二]

Merkle 树。Merkle 树是一类基于哈希值的二叉树或多叉树。每个区块的 Merkle 树根是由区块主体中所有交易的哈希值逐级两两进行哈希计算，从而得出的一个数值。Merkle 树的主要作用一方面是归纳一个区块中的所有交易，并生成交易集合的哈希节点，另一方面是校验每一笔交易是否存在于这个区块中。

脚本技术。脚本是区块链上实现自动验证、自动执行合约的重要技术。每一笔交易的每一项输出并不是指向一个地址，而是指向一个脚本。智能合约就是基于脚本技术而实现的，系统将协议双方所约定的内容进行数字化编码且写入区块链中，约定内容一旦发生，系统就会自动执行智能合约的程序。从本质上讲，智

○一 唐文剑，吕雯著，《区块链将如何重新定义世界》，机械工业出版社。

○二 覃俊，康立山等，《电子文档时间戳的分布式时间链安全协议》，《计算机应用研究》发表。

能合约是一段设置在区块链上可自动执行合约条款的计算机程序或代码，属于区块链系统中的应用。智能合约可以有效处理信息，接收、存储和发送价值，其运行原理如同计算机程序中的 if...then 条件判断语句。在区块链技术出现之前，智能合约的理论并没有实现，因为它没有可信的执行环境，然而区块链为智能合约提供了一个安全可靠的运行环境，以确保合约内容不能被任何人所篡改或删除，合约的执行无法被阻碍。

二、区块链与主权区块链

（一）区块链的主权问题

区块链作为比特币的底层技术，诞生于无政府主义者，存在"高效低能""去中心化""安全"无法同时满足的"不可能三角"。此外，区块链技术还存在"换中心"而非"去中心"、安全基石掌握在欧美发达国家手中和监管困难等问题。技术没有立场，但掌控技术的人拥有国度。区块链治理议程设定、规则制定和基础资源分配权一旦被技术能力高超的国家控制，成为区块链世界唯一的主宰，国与国之间的关系也将因为技术强弱而沉沦、下滑回到"弱肉强食"的"丛林法则"时代，这将是现代文明社会所无法接受和难以承受的。

无政府主义和自由化倾向。在区块链应用和发展中，影响和剥蚀国家主权的最主要因素是网络社群的无政府主义和自由化倾向。"无政府主义"一词，在希腊文中的意思是没有统治者，这是一种政治哲学思想。随着资本主义的不断发展，资产阶级和无产阶级的矛盾日益激化，深受资产阶级压迫的人们开始怨恨国家，将一切矛盾和问题归咎于国家，认为是国家限制了他们的自由，大力提倡人类进入无政府的社会。而无政府主义与自由主义是相伴而生的，其目标都是反对强制权威，反对一切以权威为中心的组织形式，倡导建立一个没有强制因素的自由社会。[一]在当今社会，这种无政府主义和自由主义思潮的影响并没有消除，区块链凭借其高度去中心化、去信任化、匿名化等特性成为无政府主义和自由主义滋生和传播的温床，侵蚀着维护国家主权和政治权威的主流意识形态的主体地位。

"去中心"导致"换中心"。区块链技术本质上是"换中心"而并非"去中心"。简单地说，区块链是运用一套基于共识的数学算法，通过技术背书而非中心化信用在机器之间建立信任网络，不需要人来执行规则，而是通过预先设定好的技术规则进行控制，因而大家普遍认为这是一种完全的"去中心"化，但实质上并非如此。比如，比特币区块链实现了运行时的"去中心"，但却强化了设计时的"中心化"。根据比特币的核心源代码分析，从2010年中本聪将项目控制权移交给 Gavin Andresen 至今，比特币的核心代码主要是由6个国外程序员持续贡献。一旦区块链代码形成规模，成为行业标准，必将形成决定软件修复更新、未来

㊀　杨嵘均，《论网络空间国家主权存在的正当性、影响因素与治理策略》，《政治学研究》发表。

发展决策的另一个中心化组织。而这种"中心化组织"一旦被技术强国独占，很容易形成霸权主义，独占区块链治理议程设定、规则制定和基础资源分配权，这对于其他主权国家来说无疑是难以接受的。

安全技术对外依赖性严重。 密码学是区块链技术的安全基石，也是未来影响区块链安全的重要风险来源之一。"安全"在密码学中通常定义为在当前技术水平下所加密的信息在可接受的时间范围内无法被解密。如加密文件期望的保密时间是10年，但破解该密码需要花12年，那我们认为该加密算法是安全的。但是随着新的数学算法的出现以及计算能力的提高，以往安全的加密信息能在可接受的时间内被解密，导致依赖该密码算法的区块链应用的安全性变得岌岌可危。就我国而言，密码学的水平和能力还处于中低端，远低于国际水平，研究主要以论文为主，缺乏顶尖的研究成果，大量实际应用中的密码学产品都来自欧美等技术强国。区块链应用中使用的哈希算法、非对称加密算法、数字时间戳技术等核心密码学产品也绝大部分来自于欧美等发达国家。换言之，截至目前区块链的核心技术其实是掌握在欧美等发达国家手中的，如果关乎国家安全、国计民生的关键信息基础设施构筑在区块链技术之上，则对国家主权、社会稳定、公共利益都存在着不小的潜在安全风险。

○　梅海涛，刘洁，《区块链的产业现状、存在问题和政策建议》，《电信科学》发表。

单一技术规则之治。区块链从根本上颠覆了现有的法制监管体系，单一纯粹地由技术开发者预先定义好的技术规则来实现"自治"，而这种"自治"在一定意义上来讲，是带有技术开发者的主观性的，出于操作的便捷性和高效性，技术开发者在定义技术规则时，可能会有意或无意地做出与国家法律规定相矛盾、相冲突的行为，从而导致国家主权、公共利益、参与者个人权益遭受侵害，国家法制建设和依法治国面临挑战。

（二）主权区块链：法律规制下的技术之治

在互联网高速发展的今天，网络空间已然成为世界各国的利益角逐场，但病毒袭击、黑客攻击、网络恐怖主义、网络犯罪等网络安全问题正严重威胁着每个国家的安全，这已经成为一个全球性问题。对此，习近平总书记在2015年乌镇互联网大会上提出，中国主张建立网络空间命运共同体、全球网络共享共治、构建互联网治理体系。追根溯源，互联网治理的局限在于主权问题，尊重网络主权就是尊重国家主权，也是反对网络霸权的必然要求，是维护和平安全的重要保证。

主权区块链。区块链应用可以跨越国界，但网络空间不能没有主权。为尊重和维护网络主权背后的国家主权，区块链技术发展和应用也应当在国家主权范畴下，在国家法律与监管下，从改进与完善自身架构入手，以分布式账本为基础，以规则与共识为核心，实现不同参与者的相互认同，进而形成公有价值的交付、流通、分享及增值，建立主权区块链。[一]未来，主权区块链上的价值认定与流通最终将通过主权数字货币得以实现。在主权区块链发展的基础上，不同经济体和各节点之间可以实现跨主权、跨中心、跨领域的共识价值的流通、分享和增值，进而形成在互联网社会的共同行为准则和价值规范，推动全球秩序互联网的真正到来。[二]

主权区块链与其他区块链。主权区块链与其他区块链一样，属于分布式结构，具有点对点、去信任、不可篡改、公开透明、集体维护等特点，但也存在本质上的区别。其他区块链的运行完全依赖于技术，而主权区块链以满足监管和隐私保护为前提条件，是法律规制下的技术之治，支持高吞吐量和数据分享，可防止"拜占庭将军问题"。具体来讲，主权区块链主要在治理、监管、网络、共识、数据、合约、激励和应用等八个层面与其他区块链存在差异。

在治理层面，其他区块链的运行无主权约束；而主权区块链强调全网网民尊重网络主权和国家主权，在主权经济体框架下进行公有价值交付。**在监管层面**，其他区块链的运行处于无监管状态；而主权区块链强调网络与账户的可监管，技术上提供监管节点的控制和干预能力。**在网络层面**，其他区块链强调完全的去中心化，全网各节点的权利和义务均等；而主权区块链强调网络的

[一] 赛智区块链，《〈贵阳区块链发展和应用〉白皮书系列分析（6）》，数据观发布。
[二] 贵阳市人民政府新闻办公室，《贵阳区块链发展和应用》，贵阳市人民政府门户网站发布。

分散多中心化，不是绝对的去中心化，是基于网络主权实现各节点的身份认证和账户管理。**在共识层面**，其他区块链主要依赖于效率优先的共识算法和规则体系，而主权区块链则强调和谐包容的共识算法和规则体系。**在数据层面**，其他区块链仅限于链上数据，而主权区块链则强调与物联网、大数据、云计算等技术并行发展，实现链上数据与链下数据的融合应用。**在合约层面**，其他区块链依赖于智能合约，以"代码即法律"为准则进行价值交付，智能合约一旦执行，将不受控制，无法中途修改；而主权区块链采用的是法律框架下的自动化规则生成机制，构建可监管、可审计的合约形式化规范。**在激励层面**，其他区块链单纯强调物质财富激励，例如在比特币网络中，矿工挖矿获得胜利后，系统将给予一定的比特币奖励；而主权区块链提供基于网络主权的价值度量，以实现物质财富激励与社会价值激励的均衡。**在应用层面**，其他区块链目前主要以数字货币和金融应用领域为主，而主权区块链强调经济社会各个领域的广泛应用，基于共识机制的多领域应用的集成和融合。此外，在主权区块链上，价值的认定与流通最终将通过法定数字货币得以实现，而非一般数字货币。[⊖]

主权区块链：法律规制下的技术之治。主权区块链的治理规则总体由法律规则和技术规则两个层面组成。法律规则由法规框架、条文、行业政策等组成，具有法治权威性，一旦违反，是需

⊖ 贵阳市人民政府新闻办公室，《贵阳区块链发展和应用》，贵阳市人民政府门户网站发布。

要承担相应法律责任的。技术规则由软件、协议、程序、算法、配套设施等技术要素构成，本质上是一串可机读的计算机代码，具有执行不可逆的特性。主权区块链的监管和治理只有在法律规则和技术规则两者打出的"组合拳"下，兼顾法律规则的权威性和技术规则的可行性，才更有利于保护参与者乃至全社会的广泛利益，以及推进在主权区块链技术之上的商业应用场景的落地，最终构建由监管机构、商业机构、消费者等共同参与的完整商业体系。⊖

主权区块链法律规则的执行和监督管理需要主权政府指定一个专门的监管部门来执行，以确保主权区块链的参与者都有序并强制遵守法律规则。同时，主权区块链的参与者也必须向监管部门提供法律规则规定所需要的信息，以供评估参与者是否遵守系统的规则。如果某一节点未能遵守，监管部门可以依据权限和程序强制性采取必要的措施使该节点参与者守"规矩"。但这并不是说技术规则在现有监管过程中就没有影响力了，而只是说主权区块链的治理和监管需要在遵守主权国家法律规制的基础上，寻求参与者利益的"最大公约数"，发展和应用可控、可管、可查的技术规则。

（三）主权数字货币的重要选项

在当下社会，纸币是主权货币最重要的表现形式，已被人

⊖　工业和信息化部，《中国区块链技术和应用发展白皮书》，搜狐财经发布。

们广泛使用于日常生活的方方面面。但是由于纸币的技术含量低，一方面带来了防伪问题，使得交易匿名性对货币监管造成局限，另一方面纸币存在发行、流通成本高，不易保管等弊端，这些因素都将促使纸币被新的技术和形式所取代。[一]数字货币的发展为主权中央银行的货币发行和货币政策带来了新的机遇，但数字货币的发行、流通和结算均是通过计算机网络来完成的，由此对网络安全、计算机技术的要求较高。现有的数字货币尽管采用了严密的密码学体系，但仍存在51%被攻击等安全风险。从实践的情况来看，"黑市"交易、网络攻击、账号被盗等事件时有发生。此外，由于数字货币存储于移动设备、计算机或者在线钱包中，如果设备丢失或损坏，拥有的数字货币也很有可能随之丢失。因此，安全问题一直是数字货币发展过程中面临的较大挑战。[二]

主权数字货币。 2016年中国人民银行提出发行"主权数字货币"这一设想。主权数字货币是由主权中央银行发行的、加密的、有国家信用支撑的法定货币，以国家信用为保证，可以最大范围实现线上与线下同步应用，最大限度实现交易的便利性和安全性。与纸币一样，主权数字货币本质上属于纯信用货币，但不同的是主权数字货币可以进一步降低成本，应用于更为广泛的领域。从现有的一些数字货币看，其背后都是去中心化的运行机制，信任

㊀ 秦谊，《区块链技术在数字货币发行中的探索》，《清华金融评论》发表。

㊁ 钱晓萍，《对我国发行数字货币几点问题的思考》，《商业经济》发表。

体系的建立也都是基于分布式记账方法。但这些数字货币依然与私人货币一样，存在着价值不稳、公信力不强、可接受范围有限、容易产生较大负外部性等根本性缺陷。因此，主权中央银行发行主权数字货币已是大势所趋。

主权数字货币底层技术需求。主权数字货币的安全运行必须有强大的技术支持，其中最重要的是以主权数字货币体系架构、路由协议、数据格式、数字签名机制、数字钱包等要素共同构建的数字账本技术。[⊖]从当前行业发展情况看，私人数字货币强调的是去中心化，主要运用区块链技术，通过竞争性记账、公私钥签名验证等方法来保证运行安全。而主权数字货币则要求必须中心化或部分中心化，以保证运行的高效和安全。因此，主权数字货币必须在吸收私人数字货币技术基础上进行持续创新和改造。例如，变去中心化的网络结构为分散多中心化的网络结构，变扁平网络架构为层级网络架构，变"代码即法律"的治理模式为"法律＋代码"的治理模式，变竞争性记账为合作性记账，变无政府监管为有政府监管等。

主权数字货币的另一大技术支柱是密码算法。从私人数字货币的运行情况看，其正是通过加密算法，使用私钥签名对账户进行操作，由此保障交易安全。但由于私人数字货币的匿名特点，经常会发生一些因私钥泄露导致数字货币资产被盗却难以追回的

⊖　温晓桦，《央行数字货币研究报告：法定数字币势在必行，或先应用于票据领域》，雷锋网发布。

情况。因此，主权数字货币必须彻底解决这一问题，既要通过密码学算法保证主权数字货币用户交易安全，又要通过技术手段建立可控匿名机制，实现一定条件下的可追溯，以进一步增强主权数字货币安全性。[○]

主权区块链是在国家主权和国家法律与监管下，以分布式账本为基础，以规则与共识为核心的安全分布式账本技术解决方案，拥有可监管、可治理、可信任、可追溯、不可篡改等特点，是当前构建和发行国家主权数字货币最佳的解决方案。基于主权区块链构建和发行的主权数字货币既具备了私人数字货币的"数字化"优势，也具备了传统货币的"中心化"优势。

"数字化"优势。与传统货币的实物形式相比，主权数字货币由数字加密存储，无实物形式存在。利用主权区块链技术，可对加密数字的传送内容和流通路径进行完整记录和存储，并基于分布式账本实现数据共享，使得主权数字货币的流通路径有迹可循且不可篡改，达到可追溯和不可抵赖的目的。[○]

"中心化"优势。相对私人数字货币完全去中心化的特性，主权数字货币采用分散多中心化网络结构，具有国家信用支撑，由主权中央银行担保并签名发行，拥有中心化的独特优势，保证了其更稳定的定价，社会更愿意持有并相信其公信力。另外，主权货币的属性使得主权数字货币具有法制性、强制性的特点，从这

○ FTP 应用，《央行范一飞：中国必须以法定数字货币为主导，不限制私人部门类数字货币发展》。

○ 互金咖，《央行数字货币原型方案初定 改变世界的应用》，搜狐网发布。

一角度来说，所有人也必须接受其价值。

综合以上两点原因，基于主权区块链技术构建和发行的主权数字货币具有相对私人数字货币更广泛的适用范围，以及分散多中心化的网络结构可助力政府对其进行精准的调控，实现主权数字货币的可流通、可存储、可追踪、不可抵赖、不可伪造、可控匿名、不可重复交易、可在线或离线处理。

可流通：主权数字货币作为国家法定货币，以国家信用为背书，可作为流通和支付的手段在经济活动中进行持续的价值运动。

可存储：主权数字货币利用其数字化优势，以电子数据的形式安全存储在机构用户的电子设备中，可供查询、交易和管理。

可追踪：主权数字货币交易信息由数据码和标识码两部分组成。其中，数据码指明传送内容，标识码指明数据包的来源和去处。

不可抵赖：主权数字货币利用数字时间戳等安全技术，可实现交易双方在交易后不可否认交易行为及行为发生的各类要素。

不可伪造：主权数字货币在制造和发行过程中通过哈希算法等多种安全技术手段保障主权数字货币不能被非法复制、伪造和改造。

可控匿名：主权数字货币采用"前台自愿，后台实名"的形式，除货币当局外，任何参与方不能知道拥有者或以往使用者的身份信息。

不可重复交易：主权数字货币实现其拥有者不可将主权数字货币先后或同时支付给一个以上的其他用户或商户，解决"双花问题"。

可在线或离线处理：主权数字货币通过电子设备进行交易时可不与主机或系统直接联系，不通过有线或无线等通信方式与其他设备或系统交换信息。

三、基于主权区块链的治理模式创新

（一）主权区块链与新经济模式

主权区块链为共享经济解决信任缺失问题。共享经济是未来经济社会发展的趋势，是一种美好的社会愿景，其实质是一种通过对现有资源更高效的应用以实现价值更大化的方式。共享经济可有效降低创新、创业门槛，实现闲置资源充分利用，形成新的增长点，为经济注入强劲动力，但也面临着诸多现实问题，其中，信任缺失就是共享经济目前所存在的最大问题。然而，主权区块链的出现，正好解决了这个问题，其以技术手段创新了社会组织方式、治理体系、运行规则。[○]在法律与监管下，通过主权区块链的改进和自身架构的完善，以分布式账本为基础，以规则与共识为核心，实现人与人之间的相互认同感，进而形成互联网社会的共同行为准则和价值规范。此外，基于主权区块链可以进一步建立平等开放的网络经济空间，实现不同国家、不同地区之间的平等合作，更好地分享经济发展成果。

○ 贵阳市人民政府新闻办公室，《贵阳区块链发展和应用》，贵阳市人民政府门户网站发布。

　　从共享经济走向信用经济是必然趋势。共享经济实现的前提决定了"人与人的互信关系"的重要性，只有建立信任机制，才会实现共享经济，只有具备良好的信任，共享经济才会以指数级增长。从共享经济走向信用经济将会是必然。信用经济是指市场经济发展到一定阶段，将信用作为一种资源配置方式，调节并支配着整个社会的生产、交换、分配和消费等各个环节的经济。其实质是以信用关系作为一种资源配置方式对一个地区、一个国家经济的发展起着持久的、决定性作用的经济。[⊖]信用经济有着高度发达的信用建设体系，市场参与主体能获得具有较高的信用和可靠性的各类信息，而低信誉和低信用的会被参与主体淘汰，由此在很大程度上节约了交易成本和时间，降低了交易风险，使社会资源能够被更为有效地利用，让全社会因此而受益。但是，信用经济的形成与建立仍存在较大困难，人们不仅要解决相关技术难题，还要有相关制度作为保障。由此可见，信用经济需要借助主权区块链等高新技术来建立客户信用资信数据库，同时需要一个新型的技术平台对信用进行评价、分析以及风险防范等。此外，先进的信息传输技术将降低信息资源获取的成本，提高市场的透明度。

　　主权区块链为信用经济提供技术支撑。主权区块链是继区块链之后的又一理论创新，作为一种新兴技术，它彻底颠覆了传统的经济模式，革新了现有的经济模式。以中心化为特征的传统经

　　⊖　石淑华，《关于信用经济的几个理论问题》，《福建师范大学学报》发表。

济在当今经济运行中存在着较大局限，一方面会造成社会资源浪费和效率降低，另一方面也不能满足当今消费者的多样化需求。因此，传统的多中心经济模式面临着巨大的变革压力。主权区块链的分散多中心化、去信任化、可追溯等特征，使得依靠特定的算法记录、存储、传递、核实、分析信用数据成为可能，而且这些信息高度透明、不可更改、使用成本低，即依靠算法使得交易中的弱关系实现强连接。

主权区块链提供"工作量证明"机制，让系统中的每一台计算机节点参与审批每一笔交易。该系统内置检查和平衡机制，以确保系统中的任何计算机都无法欺瞒系统。所有的审查和监督完全由计算机自动完成。信用信息使用分布式核算，而非由第三方中心机构进行统一的账簿更新和验证，从而脱离了第三方机构进行交易背书或者担保验证，所有交易都实时显示在区块链所有节点共享的平台上，网络里每一节点用户都能实现随时访问查看，参与者不必知道交易的对手是谁，这样交易中参与者信任关系的建立完全脱离传统第三方中介机构，可省去大量人力成本和中介成本。

主权区块链基于区块与链相加所形成的时间戳建立了不可篡改、伪造的新型数据库。网络中所执行的所有交易历史由时间戳来存储，每一笔数据都可以通过时间戳来进行检索，通过区块链结构追本溯源，最后逐笔验证。每个参与者在记账并生成区块时都会加盖时间戳，并向全网各节点进行广播，每个参与节点都能够获得一份完整数据库的备份。一旦信息通过验证添加到区块链上，就能够永久地存储起来。按照"少数服从多数"的原则，从概率上讲，要篡改历史信息，需要同时控制整个系统中超过51%的节点。[○]因而，主权区块链技术有效地确保了数据库中数据的真实性和可靠性，在参与系统中的节点越多，计算能力越强，该系统中数据的安全性便会越高。

主权区块链技术的出现，为信用信息的形成和共享提供了另一种更为有效的渠道，即实现整个网络内的自由公证和自我监管，不需要金融中介即可获得全面真实的信息。具体采取的是，采用基于协议一致的规范和协议，建立一个能够自由安全交易的信任环境，将以往对人的信任变成对机器的信任，使得任何干预都不起作用。当信息通过验证并添加至主权区块链后，就会永久存储起来且不可篡改，由此主权区块链的数据就有着高稳定性和高可靠性。所有交易都遵循固定算法，主权区块链中的程序规则会自行判断获得的信息是否有效，交易双方不需要通过身份公开来建立信任。[○]主权区块链还将成为有利的监管"武器"，在项目和服务中"嵌入"监管规则，让系统更加合规。这使得监管机构可以在危机发生前就能够采取行动，阻止危机发生，而不是在危机发生后再来补救。

○　林晓轩，《区块链技术在金融业的应用》，《中国金融》发表。
○　周倩，《区块链技术的国际应用与创新》，《中国工业论坛》发表。

（二）主权区块链与现代社会治理

主权区块链创新社会治理。社会治理是一种不局限于政府单一主体，政府、私营部门、非政府组织、公众等多元主体对社会公共事务进行合作治理的模式，也是一种社会自组织治理的模式。主权区块链作为互联网时代的颠覆性技术，是城市从物理时代走向数字时代的核心，必将在城市和金融的交汇点上发挥独到作用，助力政府更好地解决社会治理顽疾，重构社会信用体系，完善社会治理方式，提高社会管理效率，最终形成公正、安全、有序的自治社会。此外，主权区块链技术将形成网络空间治理的新机制，通过工作量证明、股权证明、智能合约、全网透明、密码学公私钥等技术手段，达成全网校验和信任共识，使得整个社会的信息更加透明、数据可追溯、交易更安全。未来基于主权区块链基础上的社会对监管的需求会大幅下降，经济与法律将融为一体，"有形的手"和"无形的手"将不再相辅相成，而逐渐趋于统一，这将创新社会原有的治理模式。

主权区块链创新多元社会治理结构。主权区块链创造了信任机制，使在没有权威机构保障的情况下，让互不信任的陌生人进行信息和价值交换。主权区块链技术颠覆性的意义就在于，以技术保障建立了一套分散多中心化的、公开透明的信任系统。主权区块链技术在不断发展，对社会治理及公共服务方面的影响也在不断演化。主权区块链的应用必须建立在大量群体参与并共享的基础上，封闭的系统并不能发挥主权区块链技术的优势，只有开放互通才能体现主权区块链的价值，这为社会治理的多元结构带

来更为广阔的前景。[○]

主权区块链让基于协商一致原则的社会契约论成为可能。协商民主制度所倡导的是包容、平等、理性、共识等理念，如何在实际操作中让这些理念转化为日常的实践，这必须要依靠现代信息技术来解决。而主权区块链的分布式账本、可信任等技术特点，有助于更好地诠释既有的政治制度，甚至有可能激活其中一些"沉睡"的功能，从而走出一条更为稳健的推进民主进程的道路。主权区块链作为一个总账，不仅仅是简单地作为货币交易记账系统，核心是作为一个平台，让人们在无须第三方中介的情况下就任何事情达成协议和共识。它提供了一个基础，一种可能，让基于协商一致原则的社会契约论得以实现。同时利用主权区块链技术，解决了针对信任基础模式存在的内在缺陷，充分发挥了协商民主制度的作用。在主权区块链下，政治协商制度所暗含的"理性协商""平等尊重""共识导向"等协商民主要素将进一步得到激活和强化，甚至有可能使其传统的带有精英色彩的协商走向一种更能包容大众参与的民主实践。

（三）主权区块链与主权数字政府

随着区块链3.0可编程社会的应用延伸，区块链技术与政府治理相结合，建设区块链政府治理，将成为公共管理领域的新一轮创新浪潮。基于区块链技术的共识机制、加密算法和信息不可篡

○　籍磊，《和谐社会建设：多元化社会治理结构》，《中国发展观察》发表。

改、数据可追溯等特点，可加快实现政府信息的公开透明，促进政府内部的数据共享以及政府对外的数据开放。同时，区块链技术有助于政府互联网金融监管、权力监督、审计、税收征管等工作的开展，优化政府管理模式和治理手段，有效提升政府治理能力和办事效率，提高服务水平和质量。

政府部门与社会之间尚不能形成良性的互动关系是当代各国政府所面临的共同问题。社会经济的发展、人民生活福祉的提高，需要的是政府机构的公共事务所进行的更高形式的治理能力体现。目前，层级制组织机构较为刚性和落后的治理手段，使得各国政府开始意识到区块链技术在提高政府机构工作效率方面的巨大潜力，部分国家开始构建区块链政府，试图通过区块链来打造一个更加安全高效的行政系统，以推动政府治理和公共服务模式创新。美国、俄罗斯、澳大利亚、爱沙尼亚、格鲁吉亚等国家已经陆续展开了区块链技术在政府治理及公共事务应用的探索。[一]例如，美国国土安全部正寻求利用区块链技术保障美国边境摄像头的安全，美国国防部正致力于研发一个去中心化的分类账本，以保证地面部队通讯及后勤免受外国侵扰。澳大利亚计划将区块链技术用于选举投票，以实现防篡改、可追溯、匿名和安全。莫斯科市政府实行"积极公民"计划，希望通过区块链技术记录公民对法律及政府项目的投票。

[一] 作者：Charlene Chin，译者：胡宁，《世界各国区块链普及情况综述》，天眼综合网发布。

　　我国在区块链方面仍处于探索研究的初级阶段，2015年才逐步开始着力进行发展。就政府层面而言，贵阳市于2016年率先发出了发展区块链的地方宣言，创新性地提出一种基于国家主权的区块链——主权区块链，同时在资金和政策上也加大了力度，并提出一系列五年计划，包括打造一批区块链应用场景，培育一批区块链创新企业，形成一批可推广、可复制的商业模式，推出一批区块链的规则以及标准体系，建成主权区块链应用示范区和数字货币应用先行区。[○]作为地方政府，贵阳正利用区块链技术在政府数据共享开放、"数据铁笼"工程、精准扶贫等方面进行探索，以期寻找出成功的发展模式并总结发展经验，为我国其他城市利用区块链技术进行政府治理奠定基础。

　　目前，国内外都在积极利用区块链技术探索政府治理新模式，但区块链的完全无中心、无监管，以及"代码即法律"等弊端势必会给这一治理创新带来局限。举例来说，区块链无主权、无政府主义的无人监管模式，以及独立的支付网络，使得比特币有效躲开了银行系统对交易的查验，从而使得政府对于资金动向的监管变得极为困难，最终导致极端事件出现。实际上，从各国政府的探索中可以发现，他们在利用区块链技术进行治理时也意识到了它的弊端，于是根据自身实际情况对区块链技术进行了完善，并非完全利用传统意义上的区块链技术进行治理。从本质上来看，各国政府都在区块链技术的基础上考虑了主权问题。主权区块链

○　梁晋毅，《五年建成主权区块链应用示范区》，《贵阳网数字报》发表。

的出现，不仅能使政府治理变得安全可控，更能让政府在信息化、数字化、全球化时代下，实现对数据主权和网络主权的有效监控和维护，从而构建起多边、民主、透明的全球互联网治理体系，催生出主权数字政府，真正达到"互连互通、共享共治"的目标。

第三编　秩序互联网

互联网作为互联互通的信息技术，对人类生产和生活发展起到了前所未有的推动作用，人类在享受互联网带来福利的同时也面临着许多挑战。互联网犯罪行为频发，对世界互联网安全与秩序造成极大冲击，打击互联网犯罪、维护互联网安全、建立互联网治理体系成为世界各国共同面临的课题，核心是消除信息鸿沟、价值鸿沟与信任鸿沟。"棱镜门"等网络安全事件暴露了网络霸权对国家主权的威胁与挑战，越来越多的国家逐渐认识到，坚持和维护国家网络主权，构建公正合理的全球互联网秩序，是推动网络空间共享共治的根本前提，也是反对网络霸权主义、维护全球和平安全的基础条件。从信息互联网、价值互联网到秩序互联网，新的全球互联网规则和互联网治理体系将被建立，人们将真正享有和平、安全、开放、合作的网络空间。

随着区块链的发展和应用，在尊重网络主权背后的国家主权的前提下，将法律与监管贯穿区块链技术，建立主权区块链，将有助于全球网络空间命运共同体的构建，推动不同的主权体之间、不同社会阶层之间建立基于规则共识、行为共治和价值共享的互联网新秩序，形成在虚拟社会共同遵循和维护的道德规范和行为准则，建立人类社会"和而不同"的新型治理结构，构建秩序互联网。

一、信息互联网

（一）信息技术催生信息互联网

信息技术是数字技术、计算机技术、网络技术等的总称，是围绕信息的开发、存储、传输而创造和发展起来的。[一] 回顾人类社会发展的不同时期，可以发现信息技术、信息生产和信息处理手段在不断发展，为社会生产力、生产关系带来了巨大变革。自19世纪中期以后，人类学会利用电力和电磁波进行生产和工作，信息技术的升级也因此得以加快。电报、电话等的发明使得人类的信息交流和传递更加快速和有效。第二次世界大战以后，集成电子电路、半导体材料和计算机的发明，数字与卫星通信技术的进步形成了新一代信息技术，人类利用信息的手段发生了质的变化。信息互联网随着信息技术的发展而出现，数字技术使信息数字化，

⊖　王惠英，《信息技术的社会影响》，《实事求是》发表。

信息数字化是信息互联网高速有效传递信息的基础。计算机技术使计算机可以存储各类信息，为互联网的信息传递提供了载体。网络技术将分散的计算机连接起来，为信息的传递提供了渠道。

数字技术：实现信息数字化。 数字技术就是能将文字、声音、图像、动画等任意信息以数字代码的形式转化成二进制的数字语言，并交给计算机处理的技术。[一] 数字技术不仅能将信息数字化，更能将数字化后的信息进行浓缩，当满足既定条件时，人们能在单位时间和单位空间内传输更多的信息，这大大提高了信息传输的效率。[二] 数字技术可以让电视、电话、电脑能够承载信息，使声音、文字、图片、动画等信息都可以在计算机上得到确认、显示和传输。

计算机技术：信息传递的载体。 计算机是20世纪40年代出现在以电子技术等为主要内容的第三次科技革命之中。电子计算机可以存储各种文字、图像、语言和视频等形式的信息。随着计算机技术的进步，以及各种计算机工作软件的开发，电子计算机的形式越来越多，其所存储的信息量也越来越大。世界上第一台电子计算机于1946年问世，它标志着人类进入了信息文明时代，但由于当时的电子计算机体积庞大、制作成本高昂等诸多因素，其最初主要用于军事部门或大型科研机构。后来，随着平面半导体集成电路的横空出世，催生了新的计算机技术，将计算机的结构不断微型化。从此，电子计算机逐步由军事部门、科研机构转入

[一]　周兴芳，《论数字网络技术与人的全面发展》，福建师范大学硕士学位论文。

[二]　孙琳，《基于车载无线自组网络的高速公路安全信息传输机制研究》，南开大学博士学位论文。

企业和家庭，其应用也由单一的军事需求向多元化发展。未来，将新一代计算机、通信技术和人工智能结合起来，不仅能够处理信息，还能够使互联网具有推理、联想、学习和解释的能力，促进信息互联网向智能化方向发展。

网络技术：信息传递的通道。网络技术是指为了进行通信和信息资源的交换共享，把多台计算机相互连通而形成的技术。网络技术通过一定的技术形式，把不同的计算机连接起来，使各个拥有不同信息的计算机所有者可以实现信息资源的共享，以及信息在不同计算机之间的瞬间传递。不同计算机连入网络可以基于有线的形式，也可以基于无线的形式。因为网络宽带无线接入技术的快速进步，人们急切期盼随时可以从互联网上便利地获取信息和服务，于是网络技术开始向三网融合和宽带化方向发展，信息互联网已不再是以计算机连入网络为主的局面，有线电视网络、电话通信网络和计算机网络在数字化的基础上走向了一致。三网融合打破了原有的行业界限，引起了产业的重组与政策的调整。同时，随着互联网上数据流量的迅猛增加，特别是多媒体信息量的增加，信息互联网对网络带宽的要求日益提高，进一步促使网络技术向着宽带化的方向发展。网络技术的发展，极大拓展了互联网的范围，体现了"无处不在的网络"的思想，使人们可以随时随地利用互联网获取信息。

数字技术是信息互联网广泛使用的前提。计算机技术让各类数字化信息用于计算机运行，实现数字化信息的可视化。网络技术围绕信息的传输发展起来，将分散在各处的数字化信息融为有机整体。

信息互联网作为现代化信息技术的集成者，促进了数字技术、计算机技术、网络技术的共同发展，提高了人类获取、传递、存储和处理信息的能力，不仅使信息互联网以惊人的速度扩张到全球各个角落，也使信息互联网对我们的社会和生活产生越来越大的影响。

（二）信息互联网实现信息高效传播与复制

信息互联网是科学发展的结果，通过运用网络技术将计算机或是可以连接网络的各种设备相连，可以在互联网平台中公开信息，以达到各种信息交流共享的目的。信息互联网具有集成的特点，它包含了其他信息传播工具所不具备的特性。信息互联网所具备的方便性、时效性、互动性、多样性和广泛性等特征，能够让信息实现高效传播与复制。

方便性。信息互联网能够为公众提供便捷的信息查询渠道，公众只需要通过网络就可以获取想要阅读和查找的信息，并且还可以有针对性地进行筛选。这是其他传播工具所不具备的特点。传统的信息传播依靠纸张、印刷等工具，不仅限制了信息的传播，还要支付纸张和印刷的费用。信息互联网使信息的传播方式从一点对多点变为多点对多点，极大地降低了信息传播、搜寻和获取的成本，为受众获取信息提供便捷。谷歌、百度等搜索引擎的诞生，转变了信息的获取方式——从被动接收变为主动搜索，同时，很多的信息与知识的产生不再是由官方机构或组织发布，而是受众生产、传输与发布，极大地缩小了由信息不对称导致的信息鸿沟。

时效性。信息互联网的方便性使信息能够在发生后的第一时间通过互联网进行传递。信息互联网作为传输信道的媒介，具备信息发布简单和传播迅速的优点。而电视、广播和报纸等传统媒介，在发布信息前，都需要先经过录制剪辑或排版印制，这无疑降低了信息传播的时效性。互联网上信息的排版、制作过程相对简单，这无疑加快了信息的传播速度，从源头上确保了信息传播的即时性。互联网信息可以不受出版周期、播出时段等限制，可实现信息的实时更新。

互动性。信息互联网不限定信息的传播者。在信息互联网中，不论是职业传播者、组织者还是个人，都可以通过互联网向受众发布信息，受众也可以同发布者进行交流，实现信息的交换共享。而传统信息媒介传播信息的方式主要是基于"推送"，这样，信息接受者就无法及时地反馈信息，以致信息互动性较差。信息互联网则极大地增强了受众的信息反馈能力，促使信息传播的交互性得以增强。信息互联网的信息传播交互性较强的特点不仅反映在受众反馈信息的能力上，也体现在受众获取信息的主动性上。因为受众不仅可以获得信息发布者推送的信息，还可以主动检索到需要的信息，改变了以往被动接收信息的状况。由于搜索引擎技术的高速发展，使得人们从信息互联网中获取信息的能力增强，促进了信息互联网传播信息的交互性。

多样性。信息互联网时代，信息传播的形式是多样性的。在人类社会发展的漫长历程中，语言交流为人类传播信息带来了极大的便利，文字交流突破了语言传播的弊端，印刷技术提升了人们分享信息的能力，信息互联网让信息传播的方式、速度和内容等得以提高，在一定程度上解决了信息传播形态单一的问题。信息互联网能够传播的信息形态是多样化的，包括文本信息、音频、视频信息等。通信介质与存储技术的进步，为海量信息的传播提供了可能，互联网域名、IP 地址和网站的数据及其增长速度，在一定程度上反映出互联网信息容量的大小。

广泛性。传统传播媒介由于受时间、地域的限制很难将信息广泛传播出去，但是信息互联网因为自身的开放性，拥有全球最大的信息网络系统，这为信息的发布与传播提供了一个开放性平台。人们可以在这个平台上发布新闻信息，也可以检索自己想要了解的东西，互联网不受时间与地域的禁锢，其信息传播是全球性、广泛性的。

（三）信息互联网与开放共享的治理理念

开放共享是信息互联网的内在精神。从信息互联网诞生之日，开放共享便贯穿于信息互联网的演进与发展之中。以信息互联网的底层技术——TCP/IP 协议为例，计算机物理终端虽然已存在多年，但是不同终端设备之间仍存在无法识别和交换信息的问题。1983年1月1日，美国远景研究规划局用 TCP/IP 协议取代了旧的网络控制协议（NCP），从而一举将局域网升级为信息互联网。[一]

〇　苏涛，彭兰，《技术载动社会：中国互联网接入二十年》，《南京邮电大学学报（社会科学版）》发表。

此后，TCP/IP协议被确立为全球信息互联网所统一采用的标准通信协议，奠定了今天信息互联网的基石，开放共享也成为信息互联网延续至今的内在精神。

信息互联网的开放共享理念不仅仅体现在TCP/IP协议等技术层面，更体现在思想的传播和知识的生产上。来自不同地区、具有不同文化背景的人们，一方面成为信息互联网上丰富多彩的知识和思想的源泉，另一方面又借助信息互联网以多种形式进行着知识和思想的传播与分享。这种知识和思想的交流与碰撞，将极大地拓展人们的思维边界，丰富人们的知识内涵，从而加快推进人类文明的进程。显然，信息互联网正在改变传统的知识产生和传播方式。其所带来的开放共享精神已成为推动经济发展的内生规律，并体现在社会的方方面面，信息互联网下的社会治理也必定延续开放共享的思维，将利益冲突关系转变为共赢关系。

信息互联网为公众提供参与治理的平台，为开放共享治理理念的实现提供渠道。信息互联网共享开放的内在精神，使得信息互联网作为参与和自我表达的个性化平台，帮助网民实现了彼此便捷的交往互动和信息传递，这无形中激发了人们对自我意愿的表达和对事情真相的追求。随着信息互联网的广泛应用，尤其是移动互联网的快速发展，社交网络媒体与移动设备进行了深度融合，虚拟网络与现实生活也实现了深度交互，因此在现实世界中，信息互联网成为无处不在的随机性参与自我表达的主要渠道。

与传统媒体无法实现个人表达和言论自由不同，信息互联网为公众的政治参与营造了新的公共空间、途径与方式，从而提高了公众政治参与的兴趣和能力，增加了公众的话语力量。当人们的利益受到侵犯或对社会现实不满时，人们会首先想到利用信息互联网这一便捷工具表达其不满。在民主政治方面，公众通过互联网参与社会事务具有很高的积极性，他们依靠互联网形成了特殊的自我表达与行动方式，基于信息互联网的表达与行动形成了活跃的舆论网络环节，网络问政由此兴起。网络问政包括两方面的含义，一是政府部门通过互联网了解民情、集聚民智，以提高决策的科学性与适用性；二是公民利用互联网对政府的政策参与评议以及提出质问。

目前，信息互联网既是表达社会诉求的一个重要渠道，又催生了很多特有的社会表达与行动方式。如，网络围观、网络反腐、行为艺术、公开呼吁、网络签名、联署等。信息互联网给社会治理带来的变化和挑战推动着社会治理的改革，社会治理主体也应该承袭开放共享的理念，努力适应，充分利用信息互联网，传达政策意图，改善形象，拉近与群众的距离。

互联网不仅促进治理主体多元化，也促进全球开放共享治理理念的形成。当今世界的重要特征是信息互联网与全球化同步发展，信息互联网对于经济活动全球化具有促进作用，为全球化发展提供强大支撑。信息互联网的开放共享精神把丰富的信息资源以数字化形式存储于电子计算机中，汇集到信息互联网上，实现了全球信息资源的自由流动和共享，是全球化发展的基础和条件。同时，信息互联网通过提供快速便捷的信息载体和信息通道，缩短了世界各国的空间距离，使世界各国的联系更加密切，让国际活动越来越多地受到国际经济规则的约束，促进全球化观念的形成和国际规则的制定。

信息互联网开放共享的特性还使公众和非政府组织可以通过互联网参与到社会治理中，非政府组织在治理中的作用越发突出。政府愿意与非政府组织开展合作，是因为政府与非政府组织建立良好的伙伴关系及开展政策对话，将会获得更多的政治支持以及获取更多的相关信息，更充分地获取信息，有助于政府进行合理决策，在实施项目时减少失败，以便更好地维护自身的公众形象。非政府组织愿意与政府进行合作，多是建立在具有共同目标的基础上，并且他们的自发性与创新性较强，他们的非官僚主义的工作作风和工作热情正好可以弥补政府部门工作力量上的不足。所以，非政府组织与政府在很多合作领域都取得了较好的成绩，这使得非政府组织在社会治理中，相比过去占据更具中心的地位。

信息互联网开放共享的治理理念既推动了国家之间的合作，也强调非政府组织、全球性国际组织的力量，倡导一种全球性的合作模式，包括各国政府、全球性国际组织和非国家行为体在内的多种国际行为体的友好合作。信息互联网能够促进国家与国家之间、政府与非政府组织之间及各种行为体之间的沟通交流与合作，这种通过集体行为的方式促成更多的合作，正在成为全球政治发展的主流。

二、价值互联网

（一）大数据发展开启价值互联网时代

进入21世纪以来，信息互联网不断得到应用和发展，天文观测、基因测序、医疗图像等以数据为中心的传统学科生产数据的速度与日俱增，移动互联网、电子商务、社交网络等迅速普及，带来大量的文字、图片、声音和视频等数据，物联网蓬勃发展，传感数据与监控数据日新月异，这些数据所蕴藏的巨大价值逐渐被人们广泛认同。

马云曾说："我们是通过卖东西收集数据，数据是阿里巴巴最值钱的财富"。数据的价值本质上是蕴含在数据背后的信息和知识，大数据技术出现，将数据潜藏的价值得以实现，开启了价值互联网时代。

大数据分析实现数据向信息和知识的转化。挖掘大数据价值，首先是将汇聚的数据进行分析。因为对于经济社会活动真正具有指导价值的不是数据，而是数据携带的有价值的信息或知识。从数据中分析出有价值的信息（知识），为后续利用大数据技术追求更大的互联网价值奠定了基础。各类数据资源集聚后，实现数据价值的第一步就是将数据进行分析，使数据进入活跃状态而促成数据向信息和知识转化。大数据分析的内涵是大数据理念与方法的核心，是指对类型多样、增长快速、内容真实的海量数据（即大数据）进行分析，从中找出可以帮助决策的隐藏模式、未知的相关关系以及其他有用信息的过程。[○]大数据分析是一套全新的分析技术和思维，与情报分析、云计算技术等之间联系密切，得益于数据科学的快速发展和数据密集型范式的出现。基于大数据容量大、类型多、价值高、处理速度快的4V特征，大数据分析有别于传统的数据分析。大数据分析的核心是采取"样本≈全体"的方式，以相关性分析为基础开展预测，从数据资源中抽取信息或萃取知识，得到一些真正有价值的信息。通过大数据分析实现数据向信息（知识）的转化，开启互联网价值萌发的过程。

大数据应用实现数据价值。大数据应用是利用大数据分析的结果，为用户提供辅助决策，发掘潜在价值的过程。数据分析释放了大数据的一部分潜在价值，实现数据价值的关键是对从数据中得到的信息和知识进行创新性应用，从而在经济、社会等不同领域创造价值。在大数据价值的萌发期对数据资源的分析得到新发现、新规律或新观点，为解决特定问题提供了新途径，或能够解决从前无法解决的问题。

目前，大数据在互联网行业领域的应用较广，这是基于互联网行业龙头企业拥有丰富的数据资源和强大的技术支撑平台，使大数据应用于互联网行业具有强大的优势。如阿里巴巴利用大数据分析技术，从淘宝网的交易数据中筛选出财务健康和诚信的中小企业，使得阿里巴巴小额不良贷款率为1.02%，信用贷款坏账率

○ 李广健，化柏林，《大数据分析与情报分析关系辨析》，《中国图书馆学报》发表。

为0.3%，远远低于传统商业银行。[⊖]再以金融行业为例，金融机构可以将大数据应用于诈骗侦测、风险管理、效率优化、产品优化、客户流失分析、客户体验分析等方面。如银行通过对交易数据的分析来模拟市场行为，进而对用户进行评估；此外，通过对客户消费行为的事件关联性分析来提高客户的转化率等。

大数据思维创造数据新价值。虽然数据应用带来的价值已经是巨大的，但远非互联网价值的极限。互联网的潜在价值最终能否顺利实现，依赖于是否形成大数据思维，在数据应用的基础上，将从数据资源中抽取的信息和知识转移应用到其他领域。实现互联网数据的价值，要求打破常规，建立起适合互联网价值实现的思维方式，称之为大数据思维。大数据思维将实现数据的创新性应用，当大数据变成各行各业创新的基础设施的时候，对诸多产业造成革命性影响或创造新产业。伴随着科技进步和复杂技术的涌现，人类逐渐从传统的价值观和发展观中解脱出来，运用大数据思维去寻找和发明符合时代需求与发展需要的应用工具。大数据思维应用前景广泛，在公共交通、公共安全、社会管理等领域均有大规模应用的可能。信息技术的迅猛发展，正在推动大数据思维从幕后走向前台。大数据思维的产生将推进跨学科研究的开展，跨学科研究就是克服传统思维障碍，打破所有社会科学与自然科学间的传统思维壁垒，是人类文化结构发展的新趋势。在这个过程中，新知识观将在大数据思维的基础上建立起来，这种知

⊖　何宝宏，魏凯，《2013大数据产业回顾与发展》，《电信技术》发表。

识观关乎人类整体，具有多样性、与人类活动密切相关且并行发展的特征。

（二）价值互联网与数字价值体系的建立

价值互联网时代，数据的重要地位使得越来越多的人将数据看作是继劳动力、土地、资本和企业家才能之后的第五种生产要素。作为一种生产要素，数据应当向其他生产要素一样得到合理配置，对生产发挥最大效用。这就需要将大数据作为资源发展成为一种可交易的商品，实现数据资源的优化配置，从而建立数字价值体系。

数据聚合：新生产要素的集聚。生产要素，指进行社会生产经营活动时所需要的各种社会资源，是维系国民经济运行及市场主体生产经营过程中所必须具备的基本因素。随着科技的发展和知识产权制度的建立，技术、信息也作为相对独立的要素投入生产。这些生产要素进行市场交换，形成各种各样的生产要素价格及其体系。随着大数据技术的出现，数据成为一种新的必要社会资源已被广泛认识和接纳，和人、财、物等资源一样，数据如今对人类的社会生产经营活动已经起到决定性的作用，成为一种新的生产要素。虽然数据资源的价值已被广泛认同，随着信息互联网的发展，各行业、各领域均已积累大量的数据，但其中大部分可称为"僵尸数据"，这些数据一经产生便处于沉睡状态，分散存放在各种存储设备或硬盘中，没有被开发使用，也并未产生过任何价值，不具备资源的价值和意义。数字价值体系的建立，解决了这种尴尬和困境，不仅是对数据进行分析和应用，更重要的是将数据聚合，形成数据资源汇聚的平台，将分散于社会各个角落的、由不同主体创造的、各种类型的数据汇聚到一起。其次，尽管当前大数据存储和挖掘技术已经日趋成熟，但数据的流通和变现能力略显不足，还存在不少"数据孤岛"现象。数据的平台化汇聚，解决了这一问题，让数据不再是一座座"孤岛"，进而通过对接数据市场的多样化需求，运用平台化的运营模式，推进数据相关产业发展，实现数据商业价值的变现。

数据定价：推动数据商品化。货币产生以后，商品交换价值通常通过价格表现。所以价格是商品价值的表现形式，商品价值是价格的内容。实现数据商品化，建立数字价值体系，需要解决数据定价的问题。

数据价值是数据定价的基础，数据合理的定价才能实现数据资源的有效流通。然而大数据的价值密度低、价值衡量难度大等都限制了数据商品化发展。究其原因是大数据的内容庞大和繁杂，并没有直接的使用价值，其价值通常体现在数据分析和挖掘之后结果产生的收益。同时，同样的数据集对不同的数据需求方，其价值也不相同，数据价值更多地依赖于主体的判断，所以，大数据商品的定价不同于普通商品，其价值拥有不确定性、稀缺性和多样性。

同时，要把数据变成商品进行交易，首先要解决标准化问题，标准化的商品才能实行标准的定价策略。但大数据商品又和工业化的商品不一样，工业化的商品主要是实物商品，是通过各种原料、制作工艺和统一的流程生产出来的。由于目前数据标准化的程度低，并且没有统一的技术标准，使得大数据商品进入数据市场进行交易变得很困难。数据交易市场中数据商品的标准化主要包括以下几个方面：分类方法、质量评价指标、文件格式、传输协议、API 访问接口等技术标准。

数字价值体系的构建，需要对数据进行合理定价，建立与数据价值相适应的定价策略，数据交易价格的影响因子包括：时间跨度、数据品种、数据时效性、数据完整性和数据样本覆盖等。考虑到买卖双方的交易地位及信息对等性等因素，数据定价参考买卖方一对一的协商模式、买卖方一对多的系统自动定价模式和动态应用效果定价模式。

数据交易：实现数据资源的有效配置。数据作为一种商品资源，交易是其本质需求。数据交易的本质，就是数据产权的认定和流通，最终实现数据资源的合理有效配置。清晰的产权是实现商品参与市场交易的前提条件，这需要一套稳定完善的法律规制和社会道德约束，即对数据的拥有权、使用权、收益权等权利转让的行为规则，合理合法地解决数据交易相关问题。因而，进行数据交易，实现数据产权转让的第一步就是数据产权的界定。数据产权，是指在大数据产业中，数据分析和挖掘层中的数据开发者通过对大数据的抓取、分析、加工等手段，得到新的数据信息，在这个过程中，其付出了一定的智力劳动，对于这种智力劳动应当予以激励创新、促进发展。在排除了为开发数据所设计的计算机软件的著作权外，数据开发过程中凝聚了数据开发者智慧和劳

动的智力创造。○

　　未来，随着大数据产业的发展和大数据交易的不断完善，政府出台相关政策并发挥引导作用，将推动数据商品的流通，实现数据资源的有效配置，发挥数据价值。

（三）从信息互联网、价值互联网到秩序互联网

　　进入互联网时代，一方面，人类有了新的生产手段，带来了生产力水平的大幅度提升，随之而来的是产业结构和经济结构的优化完善及组织管理方式的进步提升，社会意识和人们的价值观念进一步更新，政治体制和社会结构也面临着重要变革。另一方面，随着互联网的发展，其无界、无价、无序的特征也暴露于公众面前。当前，信息互联网迈向价值互联网已成为互联网发展的大势所趋，部分解决了互联网无界、无价、无序的问题。未来，要使互联网发展变得有界、有价、有序，必须继续推进大数据和区块链技术的广泛应用，逐步建立起新的互联网社会生态和社会秩序，推动秩序互联网的到来。

　　互联网引发的数字壁垒与信任缺失问题。一方面，互联网让数据成为一种比传统意义上的资产更有价值的资源，掌握丰富的数据资源逐渐成为各个国家、组织和企业之间展开竞争的资本。这无形中也促使了数据壁垒的形成和加固，目前很多行业和领域的数据都被封闭在各个系统内部，对社会整体而言就是一个个的

　　○　黄立芳，《大数据时代呼唤数据产权》，《法制博览》发表。

"数据烟囱"。同时，强大的数字垄断集团（如亚马逊、苹果）正在利用私有的数据池收集民众和机构产生的数据，数据资源的霸占侵害了个人隐私和自主权的价值观，人们普遍缺乏对互联网的安全感和信任感。另一方面，互联网带来的虚拟社会是一个"信息过剩而注意力稀缺"的社会形态。有一部分信息传播者为了抓住他人的注意力，通过传播不实和不良的信息去浪费和污染他人的注意力，对整个信任体系带来了消极的影响。当社会中的成员对规范缺乏尊重、建立信任的共同价值基础丧失、共同价值观动摇时，会对他人、组织产生怀疑与猜忌，进而引发对整个社会的不信任。显然，互联网的发展使网络空间逐渐成为人类生活必不可少的共同空间，维护网络空间的秩序亟须以大数据技术、区块链技术的发展和应用为基础，推动秩序互联网时代的到来，构建关乎网络命运共同体的新准则、新规则、新伦理。

信息互联网、价值互联网到秩序互联网的梯度跃升。1988年，邓小平同志根据当代科学技术发展的趋势和现状，提出了"科学技术是第一生产力"。互联网的发展也将经历由信息互联网、价值互联网到秩序互联网的梯度跃升，带来生产力和生产关系的深度变革。信息技术的发展和演变，让人们进入了信息互联网时代，使不可复制信息变成可复制信息，方便了人与人的沟通，消除了信息鸿沟。价值互联网使数据变成可定价资源，走向交易，实现了数据的共享，充分发挥了数据资源的价值。秩序互联网让人们看到了运用主权区块链等手段确定了数据权利，使可复制的信息变成有条件的复制，创新和规范了经济社会组织方式、运行规则和治理体系。

信息互联网：实现信息共享。在信息互联网时代下，信息可以借助数字技术、网络载体实现高度的虚拟化，公众在极短的时间内利用互联网可以无差别地、便捷地共享世界各地的信息，实现信息资源的全球共享，信息的价值在共享过程中得到了最大化的体现。[⊖]海量的信息使受众获取信息的能力有了本质的提高，推动传统产业转型升级、促进社会信息化、引领经济全球化，使人们生产方式和生活方式发生巨大变化，引起经济和社会变革，带领人类走向新的文明。

价值互联网：实现数据共享。信息互联网时代实现了信息的跨时空传递，而大数据的出现，人们开始重视互联网背后数据的价值。构建数据共享平台、开展数据交易活动，人类的互动由简单的信息交流，转变为以获得价值为目的的数据交换活动。大数据时代，数据共享是公众获取数据的基础，是不同主体在同一公共平台平等获取数据资源的权利的保证。数据共享能实现数据资源的重复利用，降低数据收集成本，实现同类数据社会效益的最大化。在大数据环境下，各主体可以更便捷地共享数据资源，这样既能节省成本，又能创造更大的社会效益。

秩序互联网：实现数权共享。良好的秩序是互联网发展的基石。价值互联网实现了数据的流通和共享，不同民族、不同语言、

⊖ 牛巍，《网络环境下信息共享与著作权保护的利益平衡机制研究》，中国科学技术大学博士论文。

不同文化的人们在网络空间中共同享有参与权、表达权、发展权。自由、安全、有序的网络空间环境需要建立和维护互相尊重的秩序、信息共享的秩序、传播正能量的秩序、文明和谐的秩序、维护安全的秩序，最终实现从价值互联网跃升为秩序互联网。主权区块链的概念就是基于此提出的，核心是解决数据权属的确立的问题。信息互联网时代，信息和数据可以无限复制，但却无法确认信息和数据背后的所属。价值互联网时代，区块链的出现解决了网络信用的问题，但是价值互联网还未形成广泛共识的底层协议，有关数据权益的共享，依然需要依靠第三方中介。秩序互联网时代，主权区块链成为互联网的底层协议，主权规制与区块链的技术规制双管齐下，数据权益受到技术与法律的双重保护，数权的共享成为可能。主权区块链以维护国家主权为前提，利用区块链分散多中心、过程高效透明且成本低、数据高度安全等优势，尊重和保护国家数据权利、组织数据权利、个人数据权利，最终形成一套推动实现共享发展、共享经济和共享社会的技术规则，迎接秩序互联网的真正到来。

三、秩序互联网

（一）区块链助力互联网治理科学化

按照联合国对互联网治理的界定，互联网治理是指"政府、私营部门和民间社会根据各自的作用制定和实施的，旨在规范互

联网发展和运用的共同原则、规范、规则、决策程序和方案"。^一
区块链随着比特币出现而受到关注，支持比特币的形成和流通，
改变了依靠第三方的信用背书模式，实现了互联网的"价值传递"
问题，构建基于算法的信用系统。其构建的算法信用方式能够让
公民、政府之间有效沟通，深度对话，形成共识，建立良好的合
作秩序，共同参与互联网治理，提高互联网治理的有效性。

区块链构建可信的治理环境。以信息互联网时代的 TCP/IP
协议为例，信息之所以能够跨时空传递，正是因为 TCP/IP 协议
的发展和应用。TCP/IP 协议为互联网的发展奠定了基础，创造了
一个开放共享的公共网络，不需要中央机构或主体负责维护和更
新。信息互联网的数据、信息、音频和视频都是在其之下建立起
来的。区块链类似于 TCP/IP 协议，本质上是一个安全传输与存
储的协议。为确保数据传输的安全性，区块链技术将传统加密技
术和互联网分布式技术相结合，对各设定区块的成员进行身份验
证，确认不同区块之间成员资产和交易情况，并进行连续不断的
认证和记录，避免了人为的干预和弄虚作假，确保数据交易真实
性和记录完整性，由此形成了区块之间相互连接的区块链，这是
一种全新的网络应用技术。

如果说 TCP/IP 协议让我们进入了信息自由传递的时代，那
区块链的创新则把我们带入信息的自由公证时代。TCP/IP 协议解

○　王明国，《全球互联网治理的模式变迁、制度逻辑与重构路径》，《世界经济与政治》发表。

决信息传输问题，区块链解决 TCP/IP 上传输的安全问题，解决信息互联网去中心化后的信任的问题。就像在 TCP/IP 协议之下会产生大量应用一样，基于区块链这种安全传输与存储协议同样可以开发出大量应用，从根本上颠覆传统的社会组织方式和生产方式，实现秩序互联网治理。

区块链构建下的网络文明。由于互联网具有开放性和虚拟性，在基于互联网的虚拟社会中，人们不一定遵守现实生活中的道德规范。在互联网空间里，人们的道德规范摆脱了现实的管理和控制，只能靠个人的道德和信念来维持。在互联网空间中尚未形成得到普遍认可的文化和基本的道德准则，对网络言行不轨后应受到谴责等也没有达成共识。人类在充分应用和享受互联网发展带来便利的同时，仍需注意避免互联网对思想价值和社会道德形成带来的不良影响，着力促进互联网空间环境健康、和谐。

如今的互联网存在信息真假难辨的问题，区块链技术能够将其变为基于算法信任、不可篡改、去中心化、传递价值、传递信任、客观真实的互联网。同时，当区块链技术普及到产业化应用时，有利于建立客观真实、诚信厚重、公平公正、非歧视、规范有序的网络空间，重塑现有互联网文化、价值观和价值取向，推动秩序互联网的到来。

区块链实现多元治理主体的对等化。区块链技术的应用和发展，将改变目前政府主导的单一化互联网治理模式，逐步建立多元参与、平衡对等的治理格局。这是由区块链技术去中心化、共识机制和 P2P 技术的优势和特征决定的。首先，区块链去中心化的特征，使各个治理主体呈分布式、开放式地参与互联网治理，在不同的利益相关者之间构建一个去中心化的、点对点的对等网络。此时，政府由原来的互联网治理的领导者、管理者变成参与者、建设者，政府作为中心节点的地位变成了关键节点，不再占据原来处于治理主体结构中唯一中心地位，逐步和其他治理主体的关系趋于对等平衡。

其次，P2P 技术运用后，传统中介等第三方机构对平台运行所产生的阻碍作用，直接被多元主体跨越，依靠区块链技术实现了点对点的交互和连通。作为互联网空间治理主体之一，一些传统的政府管理职能由区块链上的各个治理主体共同行使，他们共同享有在区块链上进行数据读取、记账、存储等权利，共同承担网络路由、数据验证、新节点识别等各项义务，带来了互联网空间治理创新。再次，区块链的共识机制是当前构建互联网空间治理模式的最佳突破口。在不具备强有力的第三方机构进行协调、管理和监督以及决策权高度分散的情况下，区块链的技术手段能够实现利用数据的有效性来达成一致或共识，促进各个治理主体遵守统一的协议，形成各尽其责、协调有序的自组织网络。未来，区块链作为互联网的底层技术，将推进政府、互联网企业、社会组织等多元主体自主自立，基于共同的目标，通过合作、协商建立伙伴关系，实现公共选择和公共博弈的达成。

（二）基于规则共识、行为共治、价值共享的秩序互联网

未来，随着区块链的发展和应用，区块链在不断拓展自身应

用领域的同时，将构建新的互联网秩序。同时，在尊重网络主权背后的国家主权的前提下，将法律与监管贯穿区块链技术，建立主权区块链，将有助于全球网络空间命运共同体的构建，推动不同的主权体之间、不同社会阶层之间建立基于规则共识、行为共治和价值共享的互联网新秩序，形成在虚拟社会共同遵循和维护的道德规范和行为准则，建立人类社会"和而不同"的新型治理结构，构建秩序互联网。

规则共识：基于规则实现社会共识。社会共识是在各个阶级、阶层之间，政府与民众之间，政府与政党之间达成的，它是导致社会成员团结协力、维持社会实践协调有序、保证社会向前发展的必要条件。秩序互联网正是以社会成员共同制定规则的方式，促进社会共识的达成。区块链首先以其难以攻破、公开透明、不可篡改的特性构建一个去中心化的分布式记账系统，共识机制就是区块链技术的核心，共识机制就是区块链节点就区块信息达成全网一致共识的机制，可以保证最新区块被准确添加至链，保证节点存储的区块链信息一致不分叉，真正可以抵御恶意攻击。同时，区块链的智能合约将合作的约定写在区块链上，在条件符合时自动执行。主权区块链以国家信用和文化道德作为背景，在利用算法创造"信任"，在依靠智能合约和价值共识实现自动化执行的基础上，加入国家公信力，不仅实现信任的转移，更保障国家网络空间主权。

区块链共识机制的基础是根据经济人假设中关于人类纯粹的逐利特性，辅以密码学以及代码作为封装，通过互联网，将参与者共同偏好的成本尽量降到最低。区块链正是先找到人类共有的共识（逐利）并通过共识机制收拢，然后让博弈双方信任他人的共识，完成博弈合作。当所有使用区块链完成合作的人所获得的集体效应超过维系区块链所需要的成本时，区块链的应用就会不断壮大发展，也会通过更多地合作增加人类社会的福祉。

行为共治：“法律＋技术”下的共治模式。行为的治理有两种方式，一是法律约束，二是技术约束。法律和数字领域都具有一定的规则，但这些规则的本质并不相同。在数字环境下，法律（法律规则）和软硬件（技术规则）均管理着行为活动。法律规则是典型的由法规框架、法条及监管提供的一系列规则。技术规则是由软件编码的、决定算法运作的一系列规则。同时，法律与技术代码之间的互动也会带来治理的创新。例如，公共监管的影响力可以通过法律与技术代码去混合实现，而不像现在这样只能通过法律规则实现。在本质上，技术规则可以用于确保遵从法律规则，从而降低合规性方面的成本。主权区块链能实现人类社会的共同治理，其原理是主权区块链兼具技术与制度的特征。主权区块链首先从技术上对社会产生变革和突破，从而从根本上改变人类社会的组织形式、管理模式、信息传递、资源配置，达到在理想模型才能存在的、稳定有序的、最优的宏观均衡。主权区块链将真正地颠覆社会管理模式，实现“法律＋技术”双管齐下的共治模式。

价值共享：基于信用的价值共享。实现全球价值共享是互联网发展的必然趋势，也是人类文明追求的重要目标。这其中存在着一对不可避免的矛盾：竭力维护和保障网络空间的国家主权与实现全球数据资本的开放共享。制定规则，让所有不同政治文化背景的人群获得共识，建立完善的信用机制，是解决这对矛盾的根本途径。数学是全球人类获得最多共识的基础。主权区块链的发展潜力就在于运用数学思维，把数据算法作为信用背书，让所有的规则都建立在一个公开透明的数据算法之上。主权区块链通过区块链技术运用脚本语言来记录数据形式的主权价值和数据定义的其他资产，完成数据资产的价值交换和转移。明确、公开、透明、难以篡改，是主权区块链技术的典型特征，其存在的核心价值就是为任何数字资产或有价值信息实现比现有中心化结构更为可靠的存在性证明。未来，主权区块链将会应用到除了数字货币以外的股权、债券、产权、版权、公证、合约、股票等。当主权区块链成为互联网底层协议之时，主权国家的法律和监管镶嵌于区块链中，构建以国家主权为背景的秩序传输层，将进一步消除信任鸿沟，实现价值的共享。

（三）秩序互联网是国家的核心利益

随着秩序互联网的时代的到来，数据资源将成为国家的核心资源，未来战争的焦点必将集中在数据战略的对抗和数据资源的掠夺。数据主权已成为国家主权的重要组成部分，是国家主权从政治、经济、文化等领域主权范畴的进一步拓展，在推动国家发展和参与全球竞争合作中发挥着至关重要的作用，是时代变革的关键力量。同时，在主权区块链架构下，国家、组织和个人的数据主权将被进一步明确，在尊重网络主权、维护和平安全、促进开放合作、构建良好秩序等基本原则指导下，全球互联网治理体系和治理能力将进一步完善，互联网格局将形成一种全新的生态，最终达到"天人合一""知行合一"的和谐有序境界。

明确数据主权是秩序互联网的基础。数据具有无界性和共享性。无界性指的是数据在网络空间中以电子形式成为摆脱了载体依赖的独立存在，数据借助网络、数据媒体等形式以多种方式实现无边界的传播，这种传播既是无形的、无界的，也是快速的、大范围的。共享性指的是数据本身就是通过共享来实现价值最大化。共享是数据的本质需求，通过共享能够实现数据在全球范围内的跨界流通和交换，进而构建开放合作的网络空间。然而，"中东 Twitter 革命"的教训警示我们，数据无界性和共享性是把双刃剑，人类在获取网络带来的快捷方便的同时要时刻牢记，数据不是无主权的，数据的传播、复制和共享也不是无条件的、不受管束的。制定一套规则来维护国家的数据主权已成为迫切需求，否则互联网的发展给人们带来的这场盛宴将演变成一场混乱甚至各国之间的新形式战争。第一步就是要确定清晰的数据权利的归属，解决数据传播无界、无序、跨地域等难题，防止网络霸权主义国家以所占据的数据资源优势和基础设施优势强行干涉或侵害他国数据主权乃至国家主权。

数据主权指的是一国独立自主地对本国数据进行占有、管理、控制、利用和保护的权力。数据主权分对内和对外两种形式主权：对内指的是对政权管辖范围内任何数据的生成、传播、处理、分析、利用和交易等拥有最高权力；对外指的是有权决定以何种方式、何种程序参与国际数据活动中，并有权采取必要措施保护数据权益免受其他国家侵害。在信息化、数字化和全球化发展背景下，数据主权成为国家主权的新的表现形式和重要组成部分，是在互联网时代维护国家主权独立和完整、反对数据垄断和网络霸权主义的核心要义。

数据主权的内容主要包括以下两方面：一是数据管理权，即一国对本国数据的传出、传入和对数据的生成、处理、传播、利用、交易、存储等的管理权，以及就数据领域发生纠纷所享有的司法管辖权。二是数据控制权，即一国对本国数据采取保护措施，以免数据遭受被篡改、伪造、毁损、窃取、泄露等危险，从而保障数据的真实性、完整性和保密性。数据价值的实现以数据流通和数据交换为前提，数据主权的重要环节就是对跨国流通数据的管理和控制。行使国家数据主权，也并不意味着对跨国数据流通和交换的完全禁限，而是要坚持数据自由流通和合理合法的原则，实现管制与数据流通自由之间的合理平衡。

维护数据安全是秩序互联网的保障。随着信息互联网的深入发展，互联网领域的发展不平衡、规则不健全、秩序不合理等问题日益凸显，侵害个人隐私、侵犯知识产权、网络犯罪等时有发生，网络监听、网络攻击、网络恐怖主义活动等成为全球公害。未来，人类将迈向秩序互联网，推动互联网全球治理，首先要解决好数据安全问题。

隐私和个人信息安全问题。互联网发展到今天，人们的各种行为都会以数据形式产生和记录痕迹，也就是"数据脚印"。这些痕迹使个人隐私暴露无遗，人们生活在一个私人生活被监视的时代。在模拟和小数据时代，政府是社会治理的主体，也是唯一能大量掌握个人信息的组织，随着价值互联网的到来，数据资产具有交易和流通的能力，许多企业和社会组织也会拥有大量数据，甚至超过政府。这些数据如果收集、处理、保存不当就会加剧数据信息泄露的风险，如医疗、保险、房地产等行业数据泄露的事故时有发生，这些数据一旦通过自动化技术整合后，将会还原和预测个人生活的轨迹和全貌，后果不堪设想。因此，亟须一套法律规制来约束和规范数据的流通交换，严格保护个人隐私权和信息安全。

社会安全问题。首先，在高度信息化的背景下，数据安全已成为关系国民经济发展和社会安全稳定的重要因素。智慧城市、智能交通、智能电网、智慧医药、智慧物业等城市运行发展的基本环节都高度依赖于网络信息技术，一旦数据安全出现问题，整个城市建设、运行、管理及社会发展稳定都将面临着重大风险挑战。其次，网络信息具有传播速度快、波及范围广、带动效应明显的特征，网络平台上聚集的负面信息和虚假数据一旦管控不严，将迅速扩散蔓延，很容易酿成网络群体性事件，造成不良社会影响，甚至威胁社会稳定。再次，个人隐私泄露事件时有发生，如果出现大批量个人数据信息安全事故，这就意味着影响超出个人范畴，往往会上升演变成社会安全问题，加大社会维稳压力。

促进开放合作是秩序互联网的价值。习近平在第二届世界互联网大会上指出："网络空间是人类共同的活动空间，网络空间前途命运应由世界各国共同掌握。"人类正迈向网络空间命运共同体，互联网的开发、建设、使用和管理，已成为各国之间开展交流合作的重要内容，国家尤其是大国之间形成了相互竞争、相互依存，既有矛盾对立，又有协作共存的关系格局，建设和平、安全、开放、合作的网络空间和多边、民主、透明的全球互联网治理体系成为人类共同的追求。国际政治、军事、经济科技和文化博弈与合作已经不可能完全脱离互联网环境而单独进行。在多数情况下，互联网已经直接或间接成为各类行为体进行博弈和合作的战略工具和手段。互联网已经初步成为国内、国际政治进程的基本运行环境，并成为政治博弈的重要工具和手段。互联网的广泛覆盖和全球连通在彰显数据价值的同时，也使数据从战争的配角变成主角，网络成为数据战的主战场。

互联网的最大特点在于通过共享和合作，数据可以增殖和扩大，并通过创造性劳动，培育新的领域和增长点。在互联网信息技术推动下，国际开放合作的条件和可能性正在积累和扩大，当前互联网仍处于信息互联网向价值互联网转变的阶段，随着虚拟世界对现实世界的深入和量变的积累，实际达成的合作将会越来越多，正如美国政治学家 Willian E.Halal 所指出的，"计算机化的信息与信息技术正在施展一种神奇的力量，它正在使民族、国家团结起来形成一种以合作和竞争为基础的全球秩序"。

互联网是人类的共同家园，让这个家园更美丽、更干净、更安全，是人类的共同责任。随着互联网的发展，从信息互联网到价值互联网再到秩序互联网的梯度跃升中，如何逐步解决互联网发展无界、无价、无序的难题，是摆在人类面前的紧迫任务。一方面，完善全球互联网治理体系需要各国之间加强交流合作，摈弃零和博弈、赢者通吃的旧观念和老路子，提高开放合作水平，创造更多利益契合点、合作增长点、共赢新亮点，再在优化网络空间结构中实现优势互补、共谋发展；另一方面，数据主权作为国家主权的重要内容，是任何时候都不可动摇和放弃的国家核心利益，必须建立一整套基于国家主权的技术规则和法制规范，推进主权区块链理论的成熟运用，全力维护国家、组织和个人的数据权利，最终实现互联网有界、有价、有序健康发展，创造出更多新的人类文明成果。

第四编 激活数据学

　　大数据时代，人类积累数据的能力远远超过处理数据的能力。垃圾数据泛滥、数据识别难度加大，以及数据采集、存储和使用方式发生重大变化，加剧了社会的不确定性和不可预知性。人类试图通过计算机、云计算或人工智能来解决这一难题，但并没有获得理想答案。解决海量数据的困扰，应回归以人为原点的数据社会学的思维模式，以人机交互为突破，运用激活数据学的理论和方法，分析人类行为、把握社会规律、预测人类未来。

　　激活数据学是块数据的核心运行机制。激活数据学的基础是人工智能的飞速发展，通过人机交互推动高度数据化的智能与高度智能化的数据融合，对高度关联的数据进行碰撞与激活，进而实现对不确定性和不可预知性的精准把控。块数据被激活要通过数据搜索、关联融合、自激活、热点减量化、智能碰撞五个步骤来实现。被激活的数据单元相互融合聚变产生了更大的数据能量，数据能量带动块数据系统价值的整体跃迁。

激活数据学将颠覆并替代传统的思维范式，将在大数据领域开辟一个新的战略制高点。激活数据学作为新的数据观和新的方法论，通过量化世界，实现人机共舞，颠覆传统生活，开启智能新时代。

一、激活数据学：块数据的核心机制

激活数据学把块数据抽象为具有适应性的主体，以发现块数据内海量复杂数据的潜在关联和预测为目标，以复杂理论的系统思想为主要范式，是块数据的核心机制。

（一）从简单科学到复杂理论

简单性原则是科学研究者们考察世界的主要思维方式。近代自然科学产生后，世界被描绘成由各种做工精密的零部件构成的大机器。从牛顿到爱因斯坦，科学研究的一大突出特点是确立了"现实世界简单性"的观念，其中以还原论为代表。还原论认为整体是由个体的简单相加或机械组合形成的，即"整体等于个体之和"。并认为世界上所有东西都可以通过足够的细分变为简单的个体，例如把研究对象分解为各种简单的要素，诸如基本粒子、原子、分子等，只要将这些要素的基本属性研究清楚就能得出整体的特征规律。这种研究路线确实对近代科学作出不可磨灭的巨大贡献。但是，当我们将简单性原则放在现实中大量存在的复杂性现象中，就不那么有用了。对于这种由简单个体的微观无序引起复杂整体的宏观有序的现象，传统的还原论和机械论是无法解释的，因为它们都忽视了简单个体之间的相互作用。

越来越多的事实和科学发现不断地冲击着"现实世界简单性"这一根深蒂固的观念，不仅在生物学中存在着极其丰富的复杂性进化，而且在众多的自然科学，甚至在社会科学及思维科学中都普遍存在着复杂性现象，比如大脑功能、社会前景、流体力学中的对流花纹、物理学中的铁磁体等。

从20世纪前半期起，在探索复杂性现象的过程中，先后产生了一系列新理论，如：一般系统论、信息论、控制论、突变论、协同学、耗散结构理论等，这些理论产生的背景和来源虽然各不相同，但都是从跨越物质层次的复杂的相互关系方面去探索客观事物存在和发展的规律。当然，这些理论也各有侧重，但本质上来看它们都属于复杂性科学。相比传统科学研究方法，复杂性科学是基于整体性、动态性、时间和空间统一、宏观和微观统一、确定和随机统一等原理建立起来的，这从根本上转变了科学研究的思维范式。总体来说，复杂性科学是一种关于过程的科学而不是关于状态的科学，是关于演化的科学而不是关于存在的科学。[一]

大数据时代的到来，人们所能获得的数据十分庞大，尤其在移动互联网的普及之后，以人的社会活动为中心的数据更是丰富，

○ 宋学锋，《复杂性科学研究现状与展望》，《复杂系统与复杂性科学》发表。

这给社会系统的复杂性研究提供了条件，作为以人为原点的社会学分析方法，块数据也顺应时代的要求被提出来。那块数据要解决什么问题呢？块数据的提出，是为了研究人的行为、把握社会规律、预测人类未来，本质上来说就是为了研究社会系统，其中探索社会系统复杂性是最为重要的部分，块数据为社会系统的复杂性研究提供数据基础和理论模型。

（二）算法与模型

在大数据时代，人的思维范式发生了很大变革，算法就是基于数据时代的第四范式。信息技术的飞速发展，让我们身临算法时代。百度的搜索结果，淘宝通过"个人喜好"的数据建立的产品推送，腾讯 QQ 显示的好友推荐等，都是算法运行得出的结果。算法可通过参数设定的数据结果来推荐单身男女选择伴侣，预测个人职业发展，实现个人与企业的共赢格局等。算法通过数字化使得物理世界被映射为数字世界，数字化带来世界的量化。算法可以让人们借助技术，通过对数据的挖掘，实现万物互联，量化世界。

算法通过计算机执行命令，对我们的生活产生了深远影响。通过算法进行筛选，找出事物与数据波动之间的关系，可以预测和感知潜在的风险，认识自我，认识世界。在社会领域的某些方面，算法能解答在复杂社会里可能被归因于命运的那些难题。通过设定参数进行测试，收集数据，算法通过数据，提高解决问题的精准性，对社会产生良性影响。凭借技术，算法让我们以前所未有的方式思考生活。

算法通过数字化带来量化世界。数字化作为人类认知和改造世界的一种方式，已经发挥着极其重要的作用。数字化的摹写和运算是对现实事物存在状态的超越，只有依照数字化的方式进入人类的视野，自然和人类社会才能最终得以改造，为现代科学发展注入力量。数字化向各个领域进行渗透，甚至成为支配诸多领域的重要机制。通过遗传密码的数字化可以控制生命，计算机网络信息的数字程序设计和传输手段可以筛选和过滤各种信息；一切社会资源与自然资源，通过规则、口令、符号等标准化的数字处理，可以塑造出一个数字控制的世界。[一]数字化是量化的前提，算法利用技术对数字化的事物信息分类、筛选和比较。人们将数字化的计算内核嵌入物理设备，利用编程产生相应的智能物理设备及终端服务。从简单的数控机床到数码相机的问世，再到可穿戴智能设备的涌现，我们的物理世界被数字世界所映射，我们每时每刻的社会生活被记录、被统计、被关联，还有被比较分析和区别。数字世界来到了：网络系统、应用软件和数字智能设备等将我们的行为数字化，我们已身处数据量化时代。我们的特质被"公式"化，利用技术被参数化，我们的性格特质、爱好、脾性、思维、习惯等参数被完整地记录。当一切可以被参数化的要素都被参数化之后，事物就发生了本质的变化。数字世界产生后，通过数据流动，实现互联，某种若隐若现的信号才能被挖掘，新的

〔一〕　鲍宗豪，李振，《理论前沿（一）现实社会的数字化局限》，《中国信息界》发表。

价值才能实现聚合。物理世界中的要素，通过网络在相关领域内实现了跨界融合和互联。

算法是数和数的对话，算法即便是"屠龙刀"，首先需要持刀者心中有道，而其次需要有龙可屠，这里的"有"指分析人员的科学素养，需要持刀者能识别真正的龙。在广为传播的谷歌流感趋势预测案例发生之后，随后年份的预测却连连失利。这则案例告诉我们，脱离因果关系的算法关联会产生偏离轨道的不准确结果。同样一个数据昨天与今天的意义不同，由于产生数据的行为动机的复杂性，为有效挖掘分析数据背后的价值链，我们需要在算法关联的基础上，重新引入模型的应用。

（三）基于复杂理论的激活数据学模型

模型是人们认识世界、改造世界的一种思维性工具，构建模型的意义在于科学地研究现象以便解释复杂的社会世界，阐述事物间的普遍联系及加强人们对客观事物规律的认识。马格努斯在其模型理论中提到，模型是对真实事物的概念表征，是对象的替代物。[○]模型的建立是以量化的方式解决大数据面临的问题。构建模型是为了更加精准地理解和把握大数据的内涵和本质，要解决的问题主要有促进数据流动、建立数据连接、发现数据价值、再造数据价值，其中再造数据价值是需要解决的

○ 大数据战略重点实验室著，《块数据2.0：大数据时代的范式革命》，中信出版社。

核心问题。

激活数据学模型，是为了描述块数据在非平衡和非线性共同作用下的高度灵敏性并在宏观层面表现出长程的秩序并演化出多样化的自激活、自流程、自组织状态。激活块数据的过程就是使块数据以自组织的形式不断趋向引爆点的过程。整个运行过程是在信号、机制及参数三大基础要素的协同作用下完成的。

激活数据学模型的三大基本要素包括信号、机制和参数。信号，是能够通过数据引力波在"块"内扩散并引起系统状态变化的"触发消息"。机制，是具有复杂性的动态功能结构，为了对应激活数据学的五种运行规律，激活数据学模型描述了五种主要的运行机制，包括刺激响应机制、过滤筛选机制、状态转换机制、资源分配机制以及进化机制。参数，是系统特定的差异性属性，是决定信号和机制的锚定因子。

二、激活数据学的五部曲

按照激活数据学理论，块数据被激活需要经历五个步骤，数据搜索是块数据系统依据某种信号组织相关数据的行为；关联融合以产生多元价值为目标，将多种数据源中的相关数据进行提取、融合、梳理整合成一个分析数据集；自激活是激活数据学的核心环节，是数据价值释放的临界点，数据自激活的过程类似于人类神经系统中神经元的活动过程；热点减量化是数据单元自激活后，降低数据噪声，使数据分析的结果更加准确；智能碰撞则是数据

价值创造和放大的过程。[一]

（一）数据搜索：智能采集

数据搜索是激活数据学中的准备阶段，是数据系统依据某种信号组织相关数据的一种行为。激活数据学强调的是对所有关联数据的整合、分析和创造性挖掘，需要通过数据搜索来实现整个关联数据体系的建立，为数据处理提供尽可能完整的数据资源基础，以确保处理结果的准确性，同时防止出现数据价值挖掘的盲点。

激活数据学中的数据搜索延续了传统数据搜索的原理和各种技术，即将用户的需求在原始数据库中进行比对，通过匹配机制计算信息的相似度，并输出结果。例如搜索引擎就是对网页中的关键词进行索引，建立索引数据库的全文搜索引擎，当用户输入某个关键词时，搜索引擎将请求信息进行量化，与数据库进行对比，通过云计算将包含该关键词的所有网页都搜索出来，并按照与关键词的相关度高低依次排列。

激活数据学中的数据搜索有自身独特的优势，表现为全面性、自发性、关联性的特点。激活数据学可以实现预见式搜索、推荐式搜索、交互式搜索等形式的搜索。

预见式搜索。智能搜索引擎能够在数据分析学习的基础上，

㊀ 大数据战略重点实验室著，《块数据2.0：大数据时代的范式革命》，中信出版社。

预见式地进行自主搜索，为用户提供更为精准的预判、搜集数据资源。智能搜索引擎通过观察用户的行为，了解用户的兴趣爱好、用户只要提出请求它就能站在用户的角度，为用户提供更准确的预见式搜索服务。预见式搜索还是基于对人类意图数据库的分析，在用户暗特征充分挖掘后，计算机将更精确地知道用户的搜索意图，甚至做到"走一步，想十步"。例如，当用户在智能搜索引擎的输入栏输入"健胃消食片"，传统搜索引擎给出的搜索结果，可能大多数停留于"健胃消食片的功效""健胃消食片的吃法"等显性关联的反馈结果。而智能搜索引擎给出的搜索结果会包含："胃病的治疗方式""如何养胃"等隐性关联的预见式结果。

推荐式搜索。智能搜索引擎具有主动推荐的搜索功能。例如，在智能搜索引擎的输入栏输入"大数据"，智能搜索引擎便会给出推荐式搜索"块数据"或者"大数据战略重点实验室"。用户便可以根据推荐，更方便地找到自己搜索的答案。智能搜索引擎的推荐式搜索功能，可以在任何特定的时候用各种方法与用户取得联系，这些方法包括微信、邮件、电话等。智能搜索引擎还可根据用户的位置信息的特性，选择合适的方法跟用户通信。

交互式搜索。让人与计算机更自如、更便捷的交互是几代计算机研究者的梦想，随着语音识别技术等交互技术的突破提升，交互式搜索变得多样化，功能也越来越强大。百度自然语言处理部 NLP 在智能交互技术与产品两方面齐头并进，取得了很多创新突破，实现了可以通过文字、语音、图片等多种形式进行交互的

多模交互技术。[⊖]

智能引擎搜索的日常表现形式，可能不仅限于预见式、推荐式和交互式搜索，且"预见式搜索、推荐式搜索和交互式搜索"三者并非完全割裂独立的。随着大数据、云计算、物联网等技术的飞速发展，智能搜索引擎将实现"索你所想，搜你所未想"，实现真正意义上更主动的搜索。

（二）关联融合：从条到块

关联融合是激活数据学中的预处理阶段。海量数据以"条数据"的形式杂乱分布在多个数据源中，智能搜索让散落的"条数据"建立浅层的关联，这种初始化的关联呈无序状态。数据杂乱的无序状态制约了自身价值的发挥。随着数据的爆炸式增长，数据多元化和复杂性严重影响了数据搜索的质量。

传统的数据关联建立在"条数据"的基础上，数据存在割裂，跨领域、跨区域的关联融合体系尚未形成，缺乏系统性、可预判性、可逆性和解释性。激活数据学的关联融合可以解决"条数据"体系里面临的问题。激活数据学中的关联融合阶段主要解决的是搜索后的数据分析处理问题，它与数据仓库、数据一体化不同，其目的不是将一个人、企业或组织的所有数据集中在一起产生唯一的真相，而是以产生决策智能为目标，将多种数据源中经过搜索后的数据进行关联融合，形成以人、企业或其他组织等主

⊖　王海峰，《NLP 技术：互联网产品创新的重要引擎》，环球网发布。

体为中心并由若干分析数据集组成的可信赖、有意义的分析数据库。激活数据学中的关联融合是将不同来源、不同模式、不同媒介、不同时间、不同表示的数据有机地结合，最后得到对被感知对象的更精确描述的过程。

关联融合是一种跨界的融合。所谓的跨界是以主体为出发点，应用机器智能解决跨领域的关联融合问题。数据之间关联关系的建立，力求能打破传统条数据思维模式的局限，敢于探索在数据自由流动的前提下，以人、企业、组织等不同社会主体为起点，寻找不同领域、不同数据源中数据之间的关联关系，在数据之间建立跨界的联系，实现更高阶的数据融合。

关联融合的形式有很多种，但主要有历史数据与实时数据融合、线上数据与线下数据融合、传感数据与社会数据融合三种形式。跨界的关联融合加速了各行业的自我进化能力，让行业发展的大环境走向开放，让组织和非组织的界限逐渐模糊，创新了发展的模式。激活数据学下的关联融合，使得数据垄断走向了资源共享，数据分析集更系统、更准确、更完整。

关联融合阶段是激活数据学中的重要环节，直接决定了自激活阶段和智能碰撞阶段的效率和质量。激活数据学下的深度融合是以构建新型的数据关系为目的。机器利用技术对数据进行识别，再通过数据梳理和清洗等加工处理建立关联度，识别相关关系，将结构化数据与非结构化数据相互关联。

激活数据学中关联融合是一个实践驱动的领域，未来数据的多源关联融合将被运用于各个领域。"互联网＋"模式将渗透到经济和社会发展的"血液"和"骨髓"里，渗透到资源优化配置的各个环节，激发创新潜力，形成经济发展新业态。

（三）自激活：自主决策

自激活是激活数据学研究的核心环节，是数据价值释放的临界点。经过数据搜索和关联融合的预处理阶段后，数据单元准备进入自激活阶段，这个阶段的实质就是一个筛选阶段，能够自激活的数据单元才能实现热点减量化和智能碰撞，释放价值潜能。

数据单元实现自激活的过程，类似于人类神经系统中神经元的活动情形。中枢神经系统由大量的神经元构成，仅是人的大脑就有大约1000亿个种类繁多的神经元。神经元的兴奋状态和抑制状态是由所接收的信号强度来决定的，当信号强度达到一个临界值时，神经元就会进入兴奋状态，否则其仍然处于抑制状态。数据单元活跃程度呈现以下三种不同的状态：

潜动源状态。即低维度的动源，此时数据单元处于休眠等待状态，只进行热点数据处理，如简单的存储和数据交换。就如同人处于睡眠状态一样，大脑并没有停止运转，虽然不会进行复杂的逻辑思考，但它仍然具有思维，是在活动的，而且可以随时被唤醒。处于潜动源状态的数据单元也可以被随时唤醒并进入自激活状态。

动源状态。动源状态是数据单元的一种常态，相比潜动源状态，数据单元在该状态下较为活跃，不仅会进行热点数据处理，还会根据一定的算法规则进行热点逻辑计算和分析预判。

热动源状态。当数据单元活跃度足够高时就会进入热动源状态。处于此状态的数据单元具有很高的能值和辐射力，它可执行热点数据计算、热点逻辑计算，还可以依靠自身的高活跃度带动临近的数据单元节点，一定程度上影响它们的状态跃迁。

在激活数据学中，数据单元的状态切换是靠对信号的响应来实现的。信号是不同数据引力波的组合形态，它可以来自系统外界，也可以在系统内不同主体间的互动过程中产生。系统外界刺激生成的相应信号，通过数据引力波在整个系统中进行传递。系统中的数据单元，尤其是处于热动源状态的数据单元间也可能会相互作用形成信号，通过相应频率的数据引力波进行扩散。不同的数据单元对于信号的响应情况也存在不同情形。有的数据单元几乎不受信号影响，依然处于不活跃的潜动源状态；当信息强度稍强时，数据单元就会激活进入动源状态；当传递的信号足够强时，就可能发生"共振"现象，数据单元就会被激活并迅速进入非常活跃的热动源状态，形成巨大的能量。

（四）热点减量化：智能筛选

热点减量化是数据单元自激活后，在系统层面出现的帕累托最优状态。帕累托最优是指资源分配的一种理想状态，是公平与效率的"理想王国"。在数据核爆的背景下，接近无限的数据规模与有限的数据处理能力是一对永恒的矛盾，热点减量化是实现数据处理资源优化配置的理想路径。通过自激活步骤，对所有数据单元活跃状态进行清晰的层次划分，并以此为依据进行热点的过滤和筛选，实现热点的减量化，挑选出更具价值的数据单元进行分析，这在很大程度上提高了数据深度处理的效率。

热点减量化能够降低数据噪声，排除不准确、失去时效性、关联度不高的数据，使得保留下来的热点数据更精准、更有价值，保证最终数据处理的分析结果更加准确。例如，电商网站1号店后台的价格智能系统每天实时在线搜索60多个网站和1700多万种商品的库存信息和价格信息，并根据竞争对手的商品价格实时调整自己的商品价格。但是一些季节性、节假日的数据，还有消费者的个人操作中包含的不少无效行为数据等都属于噪声数据，会对预判结果造成干扰，这些噪声数据都会被过滤掉。

热点减量化能够提高数据的处理效率，实现资源的最优配置。一些数据研究和管理人士认为，数据的准备工作花费了项目的80%的时间和经费。其中多源数据的处理是最耗费资源的任务之一。通过热点减量化就能够打破这一困局，实现数据计算处理资源的合理分配，将处理能力集中于具有高价值的活跃数据单元上，提高数据处理的效率。

热点减量化还代表了数据处理从繁到简的必然趋势。在大数据出现之前，人们所从事的都是数据的增量分析，而随着数据生产规模的剧增，关联节点增多并日趋复杂，从数据噪声中提取价值数据的难度增大，处理结果的准确性和价值密度也日渐降低。如果不改变数据增量分析的路径，将会在数据处理上倾注更多地成本，逐渐拉大投入和产出之间的差距。因此，采取减量化的数据分析路径，才能在有限成本约束的条件下实现数据价值挖掘的最大化。

（五）智能碰撞：群体智能

智能碰撞是数据单元被激活后，在宏观层面上涌现出的数据价值创造和放大的过程。自激活进入热动源状态的数据单元，利用彼此间的高度活跃性互相融合聚变，形成创新性的信息，并释放大量的数据价值。激活数据学中的智能碰撞类似于人类的头脑风暴，群体中的每一个人都根据自己的自由联想和思维逻辑表达出相关的想法，在相互启发、联想和碰撞过程中激发出创新设想。

智能碰撞是实现系统进化升级的跃迁路径。如同人类思维产生的过程，一个人脑中的1000亿个神经元发射掀起了一阵电力传输，其频率可以达到每秒100次。海量的有形神经元细胞捕捉电子进行传导，却形成了无形的、不可捉摸的想法和思维。激活数据学中，高度活跃、高能值的数据单元相互融合聚变，产生新的更高阶的数据能量，带动系统的整体跃迁，并最大限度地释放数据价值。激活数据学中的各运行规律在块数据系统中相互作用，不断循环往复，这一过程中伴随数据价值的放大和再造，持续推动整个体系螺旋式地进化上升。

人工智能的发展是激活数据学的技术基础，智能碰撞就是块数据与人工智能共舞。随着"无处不在的计算"时代的到来，我们已经进入一个崭新的智能机器时代。人工智能和机器人给世界带来的影响将远胜于互联网在过去几十年间对我们的改变。随着人工智能的发展，也许在不久的将来，参与智能碰撞的主体将不只局限于人类。人机智能交互将成为智能碰撞的一种重要互动模式。在这个变化的过程中，首先需要调整的是人类与机器（人工智能）之间的相互地位，转变传统的"人控制机器"的思维定式，以平等的视角去挖掘双方的最大潜能；其次是人类和机器之间的合作关系，不再像过去那样将重心放在人机间的相互博弈上，这将会是人类认知和科学发展的历史性突破；最后是优势互补，打破人脑传统获取知识信息的能力局限和机器的智能盲区，形成平衡所有理智和情感因素后的最佳结论和判断，放大数据的价值。

三、云脑时代：人机共舞

人脑时代，知识就是力量；电脑时代，信息就是能量；云脑时代，数据就是变量，数据是推动生产和生活方式根本变革的核心力量。⊖云脑时代就是运用激活数据学这个新方法论推动人、智能机器和云计算等融合发展的新时代，也是新经济、新技术、新模式等被激活应用的时代，更是机遇和挑战并存的黄金时代。

（一）让"人脑"走下"神坛"

传统的思维观点将人脑置于智能的巅峰位置，机器智能的发展颠覆了传统认识。1997年，IBM 的"深蓝"在国际象棋比赛中战胜了世界冠军卡斯帕罗夫。"深蓝"依靠强大的计算能力和强大的评估函数，利用穷举取得胜利。凭借硬算，"深蓝"在预判

⊖ 大数据战略重点实验室著，《块数据2.0：大数据时代的范式革命》，中信出版社。

上胜卡斯帕罗夫2步。凭借超人类的计算能力，人工智能在此前的多场棋类人机大战中略胜一筹。但在围棋对弈中，因为其复杂性，人工智能始终无法获胜。为了在围棋上战胜人类顶尖高手，电脑需要学会像人一样思考。2016年，AlphaGo 以4∶1战胜世界顶级围棋棋手李世石。AlphaGo 运用神经网络，模拟人脑进行分析学习，建立从底层信号到高层语义的映射关系。AlphaGo 通过采用大量的棋谱进行训练，经历数百万盘对弈，获取网上已有的棋局信息，快速成长为"九段棋手"，这种基于大数据的自学方式大大加速了 AlphaGo 的认知能力，使其达到甚至超过人类顶级棋手的水平。

从浅层学习到深度学习。如果说几十年前的人工智能还在依靠穷举手段才能战胜人类，今天 AlphaGo 所具有的智慧和能力则更加让人惊叹，这让我们深信深度学习确实是当下最有希望推动人工智能实现的技术。机器学习经历了两次浪潮，第一次是浅层学习。浅层学习依靠人工经验抽取样本特征，从大量训练样本中学习出统计规律，进而对未知事件做预测。机器学习的第二次浪潮是深度学习。2006年，加拿大多伦多大学教授，机器学习领域的泰斗 Hinton 开启了深度学习的浪潮。深度学习通过对原始信号进行逐层特征变换，将样本在原空间的特征表示变换到新的特征空间，自动地学习得到层次化的特征表示，从而更有利于分类或特征的可视化。[一]深度学习与浅层学习的区别为，前者强调模

　　㊀　尹宝才，王文通，王立春，《深度学习研究综述》，《北京工业大学学报》发表。

型结构的深度和特征学习的重要。通过逐层特征变换，将样本在原空间的特征表示变换到一个新特征空间，从而分类或预测更加容易。

人工智能的崛起。随着数据采集、数据存储、数据关联等技术的发展，用数据之眼洞察一切成为流行的时尚，人和物的一切状态和行为依靠无处不在的传感器都能量化，数据真正成为推动生产关系转变的核心生产力。伴随着"云网端"基础设施技术的成熟，以"数据＋算法＋模型"为核心的人工智能技术将会成为未来万物智慧的基石，推动生物识别、区块链、无人机、无人驾驶汽车、机器人、VR/AR、3D打印、人机交互等多种泛ICT技术的成熟。制造业、交通运输业、服务业、医疗行业、金融业等多个传统行业，都会因为人工智能的崛起而变得不同：未来无人驾驶汽车主宰的交通系统，将不再依赖于红绿灯和交通标志；机械制造未来可能由智能机器与人协同完成，机器的行为会基于"数据＋算法"不断迭代优化，成为机械制造业转型升级的基础；机器人还将被用于快递、清洁、洗碗和强化安全等人类生活的方方面面。由于强大的运算能力和卓越的智能化系统功能，人工智能将走进千家万户，开启一个全新的未来。

（二）人机共存

智能化潜力和智能化速度对我们社会的影响不可估量，开启了人机共存的新纪元。随着机器的普及化和智能化，人对机器越来越依赖，越来越无法离开。也许在不远的未来，人工智能将成长为与人类地位平等的主体，人类和机器之间将呈现平等、合作和优势互补的关系，构建人机共存的基础规则。科幻小说家阿西莫夫曾在其作品《我，机器人》中提出了"机器人三定律"：第一法则，机器人不得伤害人类，或坐视人类受到伤害；第二法则，除非违背第一法则，机器人必须服从人类的命令；第三法则，在不违背第一及第二法则下，机器人必须保护自己机器人。后来又补充增加了第零定律，即机器人必须保护人类的整体利益不受伤害。虽然这只是科幻小说里的创造，但后来成为学术界默认的研发原则。机器人道德标准的确立，是人工智能研究的基础，必须把维护人类的利益作为智能技术发展的首要使命，并且在国家、国际层面达成广泛共识。同时，推进"智能人文"建设，立足于促进各种社会良善关系，人们对人工智能异化为奴役工具的担心才会逐步消失。

　　人要懂机器，机器也更要懂人。在体力劳动方面，机器逐渐取代人力，在制造业、零售业和食品行业，可能会有越来越多的人失去原来的岗位，但是人工智能的发展，也会推动新型行业的兴起，提供全新的工作机会。人类社会与科技之间彼此调节适应的能力，将推动人力不断自我学习，促进人类与机器的和谐发展。人要懂得机器才能更好地运用机器，人类应该把机器人当作"第一反应者"，比如在未来发生火灾后，机器人能第一时间赶到现场并帮助消防队员实施救援，消防队员也可以携带类似小型侦察机的机器人，只要启动它，就能在复杂的环境下找到各个着火点。○

　　○　夏航，《机器人上战场：建立道德标准很重要》，雷锋网发布。

机器也要更好地懂得人类，才能更好地跟人协作。过去我们衡量机器智能的方法是把机器当人看，评估它有多聪明。未来我认为衡量一个机器好不好要看机器的人类智能，看它可以多么了解人类，知不知道如何跟人类互动。

从人机协作走向人机共存。人工智能改变人机关系，彼此接纳优缺点，从协作分工走向共存共荣。人工智能是一种虚拟劳动力，一种没有损耗的另类生产要素。例如，人工智能处理信息的能力和速度不断提高，在金融等现代行业逐渐取代中间人的作用，它可以克服人的盲点和弱点，避免利益错位和寻租的不良社会现象。当人工智能的智慧和人脑的智慧达到奇点时，生产率将急速提高。因为人的机器智能将越来越高，人会越来越擅长利用机器，机器也能更好地协同和配合人类。这两者之间的结合，不仅仅是一个人和一个机器，而是很多人和很多机器的合作。在未来社会，也许会出现很多人和很多机器合作的联合体，人和人之间，机器和机器之间，人和机器之间的协作将会很流畅。

（三）块数据城市与城市大脑

在数据时代，大数据为我们城市的改革发展提供了重要的战略路径。以大数据为引领，把大数据的理念、技术和方法贯穿到社会发展的各方面和全过程，使之成为经济社会发展的新增长点，引领城市向具备较强内生动力的创新生态体系转型跨越，让创新发展理念渗透到城市血脉的方方面面，贯彻"创新、协调、绿色、开放、共享"的五大发展理念。块数据是大数据发展的高级形态，块数据城市是基于激活数据学理论模型所架构的新城市形态。

块数据城市是一个数据驱动的系统，城市大脑是其中的运转中枢。城市大脑是基于激活数据学构建的能够使城市系统正确运行、获知需求同时进行反应的重要应用，城市大脑通过数字神经系统接收到人类行为数据的信号，经过模型分析出人类行为的模式，把这些行为模式与行为人群及时结合，保持城市智慧高效的运行。

数据驱动创新。块数据城市的建设促进了社会体系的重构，可以改善城市环境质量、优化城市管理程序、提高生产生活质量、提升城市居民幸福指数，实现大数据时代的创新型城市发展。块数据城市将以数据为动力来推动城市的硬件基础设施和信息软件相融合，构建城市智能基础设施。块数据城市将利用大数据、物联网、移动互联网和人工智能等新一代信息技术，最大限度地汇聚和融合各类城市数据资源，为个人和各团体组织提供及时高效的数据服务，以全面提升城市规划发展能力、城市基础设施建设水平。通过激活数据学的应用和解决方案，实现个体智能与群体智能的感知、建模、分析、集成和处理，以更加精细和动态的方式提升城市运行管理水平、政府行政效能、公共服务能力和市民生活质量，推进城市科学发展、跨越发展、率先发展、和谐发展，从而使城市达到前所未有的高度"智能"状态。

智能推动转型。通过数据采集、传感技术以及数据的共享、流通，实现对城市管理各方面的监测和全面感知，构建一个反应灵敏的城市数字神经系统，以保持公共服务系统的稳定性。了解一个城市典型的行为模式之后，经过城市大脑的分析，我们就可以更好地预测城市居民的动向，从而调整和颠覆传统城市治理的方法和手段。如城市交通治理，运用交通实时大数据分析车流量，可以减少拥堵。特别是关于人类行为的连续的数据流让我们可以准确地预报电力使用情况、街道犯罪和流感传播。数据预报可以让我们提前为峰值需求做好准备，实现科学管理，提高处理突发事件的应对能力。

第五编 5G 社会

作为新一代宽带无线移动通信发展的主要方向，5G（第五代移动通信技术）受到世界各主要国家的高度重视，一些国家纷纷加快战略部署，力争抢占产业和技术"制高点"。"数量巨大"是大数据的一个基本特征，基于高速率传输的大数据通信经常会面临存储不足和延迟率高等问题。5G 技术提出了新的网络体系结构，其传输速率及稳定性相比于传统无线通信及有线通信有显著提升，成为未来大数据加速发展的重要助力。

5G 是面向2020年以后的移动通信需求而发展的，相对于4G，5G 绝不仅仅只是简单的更新迭代，而是革命性的变革。在技术的推动下，5G 将为万物互联构建一个创新体系，并从根本上推动各行各业的变革；5G 将连接生活的每个角落，拉近人与人、人与物、物与物的距离，让人们更好地感知世界，驱动连接型社会的构建。

一、5G ≠4G+1

（一）全新的网络架构

未来，车联网、工业互联网、智能电网、环境监测、智能家居等将会推动物联网应用的爆发式增长，数以千亿的各类设备将会连入网络，实现真正的万物互联，海量的设备连接和多样化的业务需求将会给现在的移动通信网络带来巨大的挑战。因此，5G必须突破现今的技术瓶颈，从网络架构、空口接入技术等方面进行重新设计，来适应未来的移动通信需求。目前，包括中国、韩国、欧洲、北美以及移动运营商组织 NGMN（下一代移动通信网）等在内的多个国家和组织，提出了多种5G网络架构的构想，它们各有特色，各具优点。

中国的5G发展计划实施较早，在2013年2月就成立了 IMT-2020（5G）推进组，相继发布了《5G愿景与需求白皮书》《5G概念白皮书》《5G无线技术架构白皮书》等战略规划，并取得了众多5G技术成果。目前已经完成了5G技术的室内测试，在北京怀柔规划的全球最大的5G试验外场也已建成，正进入场外测试阶段。鉴于中国在移动通信领域的国际影响力与日俱增，本文将以中国 IMT-2020（5G）推进组于2015年发布的《5G概念白皮书》所提出的5G网络架构进行介绍。

未来的5G网络将是基于 SDN（Software Defined Networking，软件定义网络）、NFV（Network Function Virtualization，网络功能虚拟化）和云计算技术，设计的更加智能、灵活、高效和开放的网络系统。5G 网络架构包括接入云、控制云和转发云三个云。接入云支持多种无线制式的接入，融合分布式与集中式两种无线接入网架构，适应不同类型的回传链路，实现更加灵活的网络部署和高效的无线资源管理。在5G 网络架构中，网络控制功能和数据转发功能将会解耦，形成集中统一的控制云和灵活高效的转发云。控制云进行局部与全局的会话控制、移动性管理和服务质量保证，并构建面向业务的网络开放接口，从而满足业务的差异性需求，并提高业务的部署效率。转发云则是基于通用的硬件平台，在控制云高效的网络控制和资源调度下，实现海量业务数据的高可靠、低时延、均负载传输。[⊖]

基于"三朵云"的新型5G 网络架构是移动网络未来的发展方向，但实际网络发展在满足未来新业务和新场景需求的同时，也要充分考虑现有移动网络的演进途径。5G 网络架构的发展会存在局部变化到全网变革的中间阶段，通信技术与 IT 技术的融合会从核心网向无线接入网逐步延伸，最终形成网络架构的整体演变。[⊖]

当然，提到5G 网络架构不得不着重提及的两种关键技术（理念），即是上文提到的 SDN 和 NFV 技术，SDN 与 NFV 技术的引入对于重构移动通信网络架构，建立全新的5G 网络起到了关键作用。在网络技术领域，基于 SDN 和 NFV 技术来实现的新型网络架构已经取得了业界的广泛共识，SDN/NFV 作为一种新的网络

⊖ IMT-2020（5G）推进组，《5G 概念白皮书》。
⊜ IMT-2020（5G）推进组，《5G 概念白皮书》。

技术，它提倡的虚拟化、软件化、控制与转发分离等理念，为现在的移动通信网络突破技术瓶颈带来了希望。

SDN 具有灵活性、开放性和可编程性的优良特性。SDN 基于控制与转发功能进行分离，将控制功能从网络设备的控制平面中分离出来，集成到网络控制功能模块上，实现了网络控制功能的集中统一控制，如此一来，控制处理模块就掌握了所需要的全部信息，并利用 API 接口供上层应用调用相应的信息指令。SDN 技术的引入能够大幅度减少手动配置参数的烦琐过程，相应地简化了网络管理人员对全网的管理工作，提高了业务部署效率。控制与转发功能分离已经成为5G 网络的发展趋势，它虽然不能使网络数据传输速率变得更快，但是它可以简化整个网络结构，进而降低运营成本，提升运营效率，驱动整个网络生态系统的迭代升级。

NFV 的理念是对网络逻辑功能与物理硬件进行解耦，利用软件程序来实现网络功能的虚拟化，并将多种硬件设备抽象为三类通用的标准化 IT 设备，即是高容量、高性能的服务器、存储器和数据交换机。这样就可以从以往需要更换硬件设施才能完成网络部署，转变为通过加载软件就可以完成。NFV 技术的引入，实现了网络部署的灵活性，极大地降低了网络基础设施的部署和运维成本，对于运营商来说将带来巨大的经济效益。同时，网络资源虚拟化有望构建统一、云化的虚拟资源调度池，提高网络资源的利用效率。

NFV 技术可实现各网络单元的虚拟化，而 SDN 能够帮助在虚拟设备之间进行数据的交换、转发以及业务编排，SDN 和 NFV

技术的有效结合后，将会为 5G 网络带来有效的解决方案。在 5G 网络中引入 SDN 和 NFV 技术，已经成为业界共识，它将会简化网络层次，实现网络新业务部署的简洁化和高效率，并降低网络的部署与运维成本。

（二）新一代绿色科技

相比 4G，5G 除了具备高速率、低延时和高可靠等更加优良的性能外，在频谱效率、能耗效率和成本效率方面将得到显著提升，可以说，5G 称得上是新一代绿色科技。这既是移动通信发展的需要，也是技术创新驱动的结果。

从发展需要来看。目前的移动通信网络在应对移动互联网和物联网爆发式增长的同时，面临着能耗、每比特综合成本、部署和运维的复杂度，难以有效应对未来海量设备连接和上千倍业务流量增长，频谱利用存在从低频到高频跨度大、分布碎片化、频率利用率低等问题。5G 需要提供更高网络容量和更好的覆盖，同时降低网络部署的复杂度和成本，尤其是超密集网络部署的复杂度和成本；5G 需要提高频率利用率，以解决频谱资源短缺的问题；5G 需要改善网络效能和比特运维成本，以应对未来数据迅猛增长和各类业务应用的多样化需求。此外，频谱利用、能耗和成本是移动通信可持续发展的三个关键因素，为了实现可持续发展，5G 网络相比 4G 网络在频谱效率、能耗效率和成本效率方面需要得到显著提升。具体来说，频谱效率需要提升 5~15 倍，能源效率和成本效率均需要提升百倍以上。

从技术创新驱动来看。新型多址技术：新型多址技术通过发送信号在空／时／频／码域的叠加传输来实现多种场景下系统频谱效率和接入能力的显著提升。此外，新型多址技术可实现免调度传输，将显著降低信令开销，缩短接入时延，节省终端能耗。超密集异构网络：超密集异构网络缩短了基站与用户之间的距离，将带来频谱效率与功率效率的提升，不仅极大地提高了系统容量，还能提高系统业务在覆盖层次与接入技术之间分担的灵活性。D2D 技术：D2D 技术可以实现在无基站帮助的情况下，通信终端可以直接进行通信的功能，扩展了无线接入方式和接入终端的数据。基于 D2D 的近距离直接通信，优化了通信信道质量，可以实现高速率、高可靠、低延时和低功耗的终端通信。此外，D2D 利用分布广泛的终端，改善了覆盖不佳的弊端，进一步提升了频谱资源利用率。自组织网络：在目前的移动通信网络系统部署及运维方面，多是依靠人力去完成，不仅效率十分低下，而且还大幅增加了电信运营商的人力成本。随着移动通信网络的发展与升级，网络系统将会越来越复杂，依靠大量人力去完成网络的部署与优化将会变得非常困难。于是，提出了自组织网络（SON）的概念。自组织网络是将自配置、自优化和自愈合的思想引入到网络中，自动进行网络的规划、部署和维护优化的工作。自组织网络能够在满足通信需求的情况下，有效解决网络的部署和优化困难，减少人力投入，降低运营成本。

（三）技术与标准融合

第五代移动通信技术（5G）不同于前四代，5G 并不是一个单一的无线技术，而是吸纳现有的多种无线接入技术，引入大量的先进技术，集成不同业务系统，进行有效融合。并采用全球统一的标准，向用户提供高速率、高容量、低时延、高可靠的、性能优良的网络服务。

技术融合。基于需求驱动的5G 网络，网络覆盖领域将会更广，覆盖性能会更优。同时，5G 移动网络将在支撑现有移动业务的基础上，支持更多的细分业务，如可靠的 D2D 通信（Device-to-Device，设备与设备）、M2M 通信（Machine To Machine，机器与机器）、V2V 通信（Vehicle To Vehicle，车与车）等，将会按照业务需求来分配通信资源。从移动网络的发展历程来看，5G 通信网络很难做到用一种技术实现性能良好的全覆盖，且支持各类业务通信需求。因此，多种无线技术融合是必然趋势。未来的5G 网络将整合新型的无线接入技术和现有的2G、3G、4G 和 WiFi 等无线接入技术，并综合集成多种业务网络以及多层次覆盖系统，进行有机融合、高效利用，形成一个包容性极好的融合网络系统，来满足不同的业务需求，更好地向用户提供通信服务。由于技术融合，5G 将会表现出良好的向下兼容性，即可延续使用2G、3G 和4G 的网络设施资源，实现与2G、3G 和4G 的共存互补。

标准融合。2G 时代存在着 GSM、CDMA 等移动通信标准，3G 时代存在 CDMA2000、WCDMA、TD-SCDMA 等移动通信标准，在同一代通信技术的不同标准存在着很大的差异。而到了

4G 时代，全球两大主流通信标准 LTE-FDD 和 TD-LTE，在核心网络的相似度高达95%，在无线端的相似度也达到90%。5G 时代，制定全球统一的移动通信标准的呼声越来越高，并且已经取得业界的广泛共识，移动通信标准走向融合与统一的趋势将会越来越明显。国际电信联盟（ITU）已启动了面向5G 标准的研究工作，并明确了 IMT-2020（5G）工作计划，2015年完成 IMT-2020（5G）国际标准前期研究，2016年开展5G 技术性能需求和评估方法研究，2017年底启动5G 候选方案征集，2020年底完成标准制定。3GPP 作为国际移动通信行业的主要标准组织，将承担5G 国际标准技术内容的制定工作。3GPP R14阶段被认为是启动5G 标准研究的最佳时机，R15阶段可启动5G 标准工作项目，R16及以后将对5G 标准进行完善增强。

二、5G 标准的中国话语权

5G 作为继4G 之后最新一代的信息通信技术，将大幅提升网络速度，并在数据传输中呈现出明显的低时延、高可靠、低功耗的特点，从而促进物联网和移动互联网等领域的快速发展，因此加速发展5G 是国际社会的战略共识。在2G、3G 和4G 时代，国外一直掌握了信息通信技术标准的话语权，造成中国相关企业在该领域的发展受到了极大的限制，因此中国必须争夺5G 标准的话语权，打破国外厂商的垄断，更大程度地挖掘5G 给中国带来的价值利益和发展机遇。

（一）从产品之争到标准之争

"一流企业做标准、二流企业做品牌、三流企业做产品"，因此5G话语权的争夺其核心就是5G标准的争夺，它是指企业、机构等组织利用自身所具有的先进材料、技术、工艺等优势将同类产品技术标准提高到竞争对手难以达到而自己却能达到的程度，将对手的产品、工艺等掌控在自己的标准范围内，通过标准限制其发展，从而赢得竞争的胜利。

20世纪80年代～20世纪90年代，中国的交换机市场拥有瑞典爱立信、美国朗讯、日本NEC和富士通、德国西门子、法国阿尔卡特、加拿大北电网络、比利时BTM等国外企业，它们垄断着中国的交换机市场，俗称"七国八制"。这一方面使得程控交换机价格都异常昂贵，另一方面差异化的标准制式带来了很多网络兼容等问题。1991年，原解放军信息工程学院研制出了我国第一台国产大型程控数字电话交换机——HJD04，它的性能比西方同类产品更加优越，先后在地方、军队通信网进行运营，打破了"七国八制"对中国市场的垄断，扭转了技术受制于人的局面。成立于1995年的巨龙信息在HJD04程控数字电话交换机的基础上，解决其技术转化问题，实现了HJD04程控数字电话交换机的产业化。1992年，中兴通讯ZX500A交换机的实验局顺利开通；其后，C&C08A作为华为自主研发成功的第一款数字程控交换机从1994年开始投入大规模生产，并在商业上取得了巨大的成功，与此同时，由大唐电信研发的超级数字程控交换机SP30也达到当时国际先进水平。此后，中国数字程控交换机的市场价格迅速地从500美元下降至30美元，民众安装电话的费用也随之下降，电话得以大规模普及。国内程控交换机市场供需不平衡的局面得以消除，国产通信设备商走向了前台，形成了以巨龙、大唐、中兴、华为为代表的通信产业格局，俗称"巨大中华"。[○]

全球的移动通信标准之争是从2G时代开始的，当时主流的网络制式有全球移动通信系统（简称GSM）、时分多址（简称TDMA）、码分多址（简称CDMA），其中由3GPP开发的GSM成为全球运用最为广泛的移动通信制式。那时中国的通信企业根本没有能力参与国际通信标准的制定。到了3G时代，人们对移动网络的数据传输需求更高，产生了WCDMA、CDMA2000、TD-SCDMA、WiMAX等移动通信标准制式。其中，中国移动通过从西门子手中购买相关技术，再与自身的技术成果相结合，形成了自己独有的TD-SCDMA通信标准，最终被国际电信联盟所接受。但是，TD-SCDMA通信标准依然饱受争议。首先，TD-SCDMA在技术上不如WCDMA和CDMA2000成熟。其次，TD-SCDMA的产业化也算不上成功。最后，TD-SCDMA的用户体验也表现得十分差劲，为此中国移动失去了很多3G移动用户。西方通信企业通过不介入TD—SCDMA产业发展的方式，妄使TD—SCDMA只能存在于纸面上。但TD—SCDMA依然拿下了接近7亿人的市场份额，避免了被收取高额的高通税，从而带动了国内通信企业

○ 袁玉立，《从"巨大中华"到"大中华"：昔日电信设备巨头巨龙变迁启示录》，《证券日报》发表。

的发展壮大，为中国参与国际通信标准制定迈出了坚实的一步。[一]

在信息计算终端领域，中国的桌面市场完全被 Wintel（微软与英特尔）联盟占领，移动市场又被 ARM-Android（ARM 处理器与安卓）联盟占领，使得中国的相关企业在该领域的话语权完全旁落，不得不让出巨大的利益。在移动通讯领域，高通凭借其拥有的 CDMA 专利，大肆收取不公平的高价专利许可费，在基带芯片销售中附加不合理条件，在没有正当理由的情况下搭售非无线通信标准必要专利许可，形成了高通在3G 通信领域的垄断地位，引起了全球各大通信厂商的强烈抵制。因此在4G 通信标准制定过程中，去高通化成为中欧厂商的指导思想。

2012年，国际电信联盟（简称ITU）将 LTE-Advanced 和 Wireless MAN-Advanced（802.16m）技术规范确立为 IMT-Advanced（俗称4G）国际标准，而中国主导制定的 TD-LTE-Advanced 和 FDD-LTE-Advance 同时成为4G 国际标准，它们都是基于3GPP 的 LTE-Advanced。从3G 标准的分裂，到4G 时代的全球合作，中国通信产业已经从3G 时代的参与者，成为4G 时代的规则制定者，话语权得到大幅提升。

（二）看好华为，寄望中兴

5G 已成为全球业界研发的热点和焦点。中国、美国、韩国等国家和地区高度重视5G 的研发，各国成立了研发组织，工业界和

[一]　铁流，《中国是怎样提升在通信领域的话语权的》，观察者网发布。

学术界也在不断探索。5G 已成为世界各国的国家战略，5G 将来会渗透到我们生活的方方面面，会影响我们的经济发展，传统行业在5G 的基础上会有较大的发展机会和空间。未来的智慧城市、智慧教育、智慧医疗、智慧农业等新兴行业会给我们的生活带来巨大的改变。在5G 时代，中国拥有华为这样的全世界最大的通信运营商和中兴这样的最大的通信设备上市公司，中国无论是在核心技术、专利和市场份额等方面都会走在世界前列，拥有更多5G 话语权。

华为与5G。华为眼中的5G 是万物互联，它通过融合创新，提供更好的业务体验，实现移动信息化的跨界融合。通过核心技术实现虚拟现实、智慧城市、自动驾驶、物联网、车联网、智能家居和可穿戴设备等的应用，形成全新的商业模式。2009年，华为开始研究5G，设立了9个研发中心，联合全球20多个顶级高校和科研机构进行研究。华为已经在5G 新空口技术、组网架构、虚拟化接入技术和新射频技术等方面取得了重大突破，例如：华为发布了两款面向高频和低频的新空口技术（SCMA、F-OFDM），在不增加站点情况下，可提升3倍频谱效率；华为联合日本运营商在成都开通世界第一个多用户5G 技术验证外场，系统性地验证了5G 空口技术和网络架构。⊖

2016年11月18日，中国华为公司主推的 Polar Code（极化码）方案经过国际移动通信标准化组织3GPPRAN 187次会议讨论，成

⊖ 小火车，好多鱼著，《大话5G》，电子工业出版社。

功战胜了主要竞争对手 LDPC（美国）和 Turbo2.0（法国）获得了控制编码，成为 5G 控制信道 eMBB 场景编码最终方案。这标志着中国通信企业在 5G 时代的话语权得到一定的提升。2017 年 2 月，在巴塞罗那举行的 2017 年世界移动大会上，华为与中国移动合作，通过 AR/VR 联合展示了 5G 高低频双连接技术创新的最新成果：同时连接 5G 低频 C-Band（3.5GHz）和高频 Ka-Band 网络的终端获得超过 22Gb/s 的极致用户体验，且其用户面时延低于 0.5ms，5G 高低频双连接的成功展示是华为与中国移动在 5G 新技术创新方面又一个重要里程碑。[⊖]

中兴与 5G。中兴在 5G 的研究上以专注于提升面向用户的体验、提高人类在信息把控等方面的能力，以在信息方面的参与度和感知度为出发点和以服务对象向行业用户拓展为方向，建立一个兼具蜂窝网和局域网的优秀特性的高效网络。5G 将使这个网络更具智能化，可实现业务和网络的深度融合，同时降低网络建设和运营成本，为用户提供更多的业务。目前，中兴已经在 5G 核心技术上广泛布局，取得了相应的成果。中兴认为 5G 核心技术包含新多址接入方式（MUSA）、新编码调制与链路自适技术、多天线技术、高频通信、无线回转、小区虚拟化、超宽带基站、胖基站等技术。中兴在 5G 上投入巨大，布局全球，成立日本研究所，致力于发展 5G 技术。2014 年，中兴与中国移动合作，共同完成了全

⊖　华为技术有限公司，《华为与中国移动联合推进 5G 高低频协作技术创新》，华为网发布。

球首个 TD-LTE 3D/Massive MIMO 基站的预商用测试；2015年，中兴与日本软银签订了谅解备忘录，联合研发 Pre5G 相关技术；2017年，在西班牙巴塞罗那世界移动通信大会 MWC 上，中兴与英特尔共同发布了下一代面向5G 的 IT 基带产品（IT BBU），这是中兴在5G 研发方面的又一个里程碑式的创新产品。

（三）话语权背后的国家力量

加速发展5G 已成国际社会的战略共识，但是5G 技术的标准不同于4G 及其以前的通信技术，5G 时代有望形成全球统一的标准。各国纷纷制定5G 发展战略，公布了5G 商用时间表，研发5G 相关技术，以期在5G 标准话语权争夺中抢占先机。而中国也投入巨资对5G 研发进行顶层设计，希望在移动通信标准建设中取得更大的话语权，以期在新时代的发展浪潮中抢占到先机。

根据国际电信联盟（简称 ITU）的相关计划，5G 最早将于2020年实现商用，目前已经启动5G 标准研究的相关工作。ITU 倾向于以推动单一5G 标准为目标，以实现全球互通。但是如果各国无法达成共识，也有可能形成多个标准。由于5G 市场的发展较快，其背后牵涉的利益重大，该标准不仅存在于技术层面上的争夺，背后还有政治博弈、经济竞争、国家力量较量。更确切地说，5G 标准的竞争其实是国家综合实力的竞争。

欧盟方面。2012年11月，欧盟投资2700万欧元用于启动大型科研项目 METIS（构建2020年信息社会的无线通信关键技术），目的是研发5G 相关技术、应用场景、需求分析和测试样机开发验证等，为建立5G 系统的建设提供参考，在需求、特性、指标、概念和关键技术组成等方面达成共识。2013年12月，欧盟委员会以METIS 项目的相关成果为基础，启动了一项科研项目——5G 公私合营合作关系（简称5GPPP），计划从"地平线2020"科研规划项目中划拨7亿欧元，用于开展5G 关键技术和系统设计的研发，确保在移动通信行业的领先地位，并在物联网、移动互联网、智慧城市、智能交通和智慧医疗等相关领域取得先发优势。

韩国方面。2013年，韩国设立5G 论坛推进组——5G Forum，这是韩国最重要的5G 研发组织。2014年，韩国推出"5G 移动通信促进战略"，力争在2020年获得全球移动通信设备市场20% 的份额，并且在国际标准专利竞争力上达到全球领先水平。[○]

日本方面。2013年9月，日本设立了2020 and Beyond Ad Hoc 项目组，负责研究未来十年移动通信系统中的服务、系统概念和相关技术。

中国方面。2013年2月，国家工信部、发改委和科技部等联合发起成立 IMT-2020（5G）推进组，目标是实现5G 引领，先后发布了《5G 愿景与需求》《5G 概念》《5G 无线技术架构》与《5G 网络技术架构》白皮书，对5G 的愿景、需求、频谱、关键技术、标准化等问题进行分析研究。与此同时，国家"863计划"、国家重大科技专项等课题组也对5G 相关课题开展研究，并建立了

○ 侯云龙，张晓茹，《多国竞逐5G 战略制高点 2020年有望正式商用》，《经济参考报》发表。

5G 国际合作推进平台。2015年5月，国务院在印发的《中国制造2025》发展规划中指出要全面突破第五代移动通信（5G）技术。2016年3月，《国家"十三五"规划》指出要积极推进第五代移动通信（5G）技术研究，并于2020年启动5G 的商用。2016年7月，中共中央办公厅、国务院办公厅印发了《国家信息化发展战略纲要》，提出了要积极开展5G 产业化布局，到2020年5G 技术研发和标准取得突破性进展的目标。

三、5G 驱动力：无处不在的连接型社会

网络在人与人、人与物、物与物之间的相互连接中将成为社会生活中一个必不可少的组成部分。5G 通过增强网络数据采集和传输的能力，实现万物互联，以让人们更好地感知世界，驱动连接型社会的构建。

（一）万物互联与感知世界

互联网自诞生之日起，凭借其广泛应用，不断推动人类经济社会的发展。作为互联网发展的高级形态，物联网以实现万物互联为目标，成为新一代信息技术的重要力量，甚至被称为继计算机、互联网之后世界信息产业发展的第三次浪潮。

物联网是实现万物互联的基础。5G 通过提升物联网连接能力推动万物互联。1999年，美国麻省理工学院自动识别中心的凯文·阿什顿教授最早提出了物联网这个概念，它起源于 RFID 研

究。凯文·阿什顿教授认为，物联网是建立在物品编码、RFID 技术和互联网的基础上，通过射频识别、无线数据通信等技术，把物品信息连接起来以便于识别和管理的实物互联网。2005年，国际电信联盟（简称 ITU）发布题为《ITU 互联网报告2005：物联网》的报告，报告重新定义了物联网的概念和范围，ITU 认为物联网时代即将到来，世界上任何物品都能通过因特网进行交互。这份以物联网为主题的研究报告为物联网的兴起做出了巨大的贡献。2009年，IBM 公布了名为"智慧的地球"的战略。IBM 认为，新一代 IT 技术的信息化融合是信息产业下一阶段的任务，也就是把感应器嵌入到电网、道路油气管道等各种物体中，通过互联网实现各种物体之间的相互连接，形成万物互联的物联网。[⊖]

物联网对网络有独特的技术需求，可大致归结为海量接入和超可靠性。而5G 系统将支持百亿／千亿数量级的海量传感器接入，并且以低成本、低能耗的方式实现业务连接和数据传输需求。超可靠性的应用则要求5G 提供几乎零等待的数据传输（时延小于1ms）、极少的丢包率，例如在远程驾驶、工业控制、危险环境监控等行业应用中需要的实时控制，5G 系统凭借创新的空口技术、灵活的架构、改进的通讯控制协议等多方面技术来满足物联网的各种需求，从而推动万物互联的实现。万物互联是将人、物及其相关的数据结合到一起，使其关联性更强，价值更高。万物互联将使人们生活中所使用的汽车、家电、消费类电子产品等一起连

入网络，实现基于传感器、无线接入、控制网络、业务员平台、应用等领域设备的深度集成和创新。万物互连不仅仅限于个人用户，它还会将信息转化为行动，给企业和国家创造新的动能，带来前所未有的发展机遇。

5G 提升感知世界的能力。所谓感知，就是指利用感觉器官对物体获得的印象，感知是感觉与知觉的统称。随着互联网向物联网方向发展，万物互联成为可能，人们是通过物联网对事物进行感知，更加全面、客观、准确地认识这个世界。一般来说，物联网层次结构可分为三层，分别是感知层、网络层、应用层。其中，感知层位于物联网三层结构中的最底层，它是物联网的基础。感应层主要由基本的感应器件（如 RFID 标签、各类传感器、摄像头等）和感应器组成的网络（如 RFID 网络、传感器网络等）两大部分组成，该层的核心技术包括无线网络组网技术、新兴传感技术、现场总线控制技术（FCS）、射频技术等。感知层的功能是识别物体、采集信息，它首先通过嵌入的传感器、数码相机等设备采集外部世界的相关数据，然后通过 RFID、条码、工业现场总线、蓝牙、红外等短距离传输技术对所采集到的数据向上一层进行传递。通过感知层采集数据，解决了人类获取外界数据的问题。5G 增强人们采集、分析和利用数据的广度和深度，从而使感知计算成为可能。所谓感知计算即是通过感知物理世界实时、连续、现场数据，分析处理和获得个体和群体的交互信息，并直接反馈作用于物理世界，辅助支持人类的社会活动。5G 可通过感知计算连接人类社会和物理世界，从而使感知物理世界、进行社会交互、支持生产活动成为可能，变革传统的生活方式。万物互联是人类感知世界的一个重大突破，从传统的认识、机械的控制到物联网的感知，人和人、人和物、物和物的了解不断突破原有的界限，为即将来到的智能世界充分地奠定基础。

（二）5G：连接生活的每个角落

5G 对社会的影响在于连接。5G 时代，人与人、人与物、物与物是相互连接的，增强了物联网采集、传输、分析、运用数据的能力，实现万物的智慧化发展。确切地说，5G 时代就是智能时代。

智能农业。智能农业是通过农业物联网，利用传感器设备来构建的统一监控网络，实现对农作物信息及数据的获取，提升农民的工作效率，并能够及时准确地发现和解决问题。农业物联网的使用，对增加农产品产量、提高农民收益、加强农业管理都能起到促进作用。现代农业示范园为了提高农作物产量与种植质量，引进农业物联网技术，将农业物联网监控设备装置在瓜果蔬菜的种植棚中，实现智能化种植。一些国家或地区已经率先使用智能农业系统来进行农产品的种植和管理。以色列利用计算机对农作物的种植实行自动化控制，通过安装传感器，收集植物茎果的直径变化和地下湿度等数据，并通过收集的数据支持物联网对水量和产量的关系进行学习，以此来优化植物的灌溉量，节约了大量的水资源、肥料和人力。以色列通过智能化农业提高生产效率，使许多农产品的单产量在全球领先，在一个严重缺水、生存条件极其恶劣的地方创造了生命的奇迹。5G 的出现，必将提高传感器的农作物的数据采集范围和传输效率，增强计算机大数据分析能力，加强人与自然的互动，最终实现绿色农业。

智能工业。智能工业是指在工业系统中嵌入各类具有感知能力的终端，把大数据、云计算、移动互联网、物联网等新一代信息技术融入工业生产的各环节，从而提升工业制造效率，改善产品质量，降低产品成本和资源消耗，解放人力资源，实现工业生产制造的智能化。智能工业的核心是物联网，通过物联网与先进制造技术相结合，提高了信息化与自动化融合的程度。在物联网环境中，传统的自动化工业系统功能大幅进化，数据采集、设备感知、决策管理、数据传输等都变得更加智能。

目前，智能工业的应用有智能供应链管理、生产工艺智能优化、产品设备智能监控、智能环保监测及能源管理和智能安全生产管理等。比如，空中客车（Airbus）采用智能供应链体系，构建了全球规模最大、效率最高的制造业供应链体系；GE 石油天然气集团通过建立 i-Center，对设备进行智能监控；美国特斯拉汽车公司使用机器人装配汽车，提供个性化产品，为消费者提供 IT 技术服务，实现了汽车生产与服务的智能化。在5G 社会，工业系统中的智能物件连接更为紧密，大数据分析、云计算服务、物联网连接都将大幅提升，人与物、物与物、人与人之间的互动更为智能，车联网也将成为可能。

智能服务。所谓智能服务，就是通过采集用户相关数据，利用大数据和云计算对数据进行挖掘和智能分析，以此来了解用户的习惯、喜好等显性需求，同时挖掘与身份、工作、生活状态相关联的隐性需求，从而给用户提供精准、高效的服务。因此智能服务需要高效地传递和反馈数据，进行更加多维度、多层次的感知和深入的辨识。在5G的社会中，智能服务将从初级阶段变革至高级阶段，感知能力、数据传输分析能力更强。在智能服务世界里，物联网将以用户为原点，利用大数据，对其进行更加真实而又立体的画像，为其配置正确的产品和服务，实现更加智能的个性化服务。而相较于传统的商业服务模式，智能服务的边际成本更低。因此，在5G智能服务时代，智能服务提供商必须加强采集数据、分析数据的能力，采用数据对服务进行驱动，利用数据的关联性将海量数据转化为智能服务，构建智能服务生态系统。

（三）个体崛起时代的超个体

英国哲学家托马斯·霍布斯认为，文明社会的核心在于，人们彼此之间要建立连接关系。这些连接关系将在抑制暴力方面产生巨大的助力，并成为舒适、和平和秩序的源泉。可以说，5G社会就是一种超个体，有着自己的结构和功能。人类超个体所做的事情，都不是单独一个人就能做的。超个体下的人类所做的每一件事情，都会由万物互联构成的连接关系进行传播，进而影响社会网络全局。5G社会表现出一种智慧，它可以让个体更有智慧，或者成为对个体智慧的补充。举例来说，蚁群是"有智慧的"，尽管蚂蚁个体并不具有这样的智慧；鸟群是综合考虑所有鸟的意愿之后才决定飞向哪里的。5G社会可以捕捉和容纳人人相传的、不同时间的数据信息，并可以通过计算将成千上万的决策汇总，不管个体成员的智慧如何，5G 社会都可以产生这样的效果，从而促进人类社会向前发展。

5G 社会就像覆盖全球的神经系统，人们可以通过物联网向地球上任何一个人、任何一件物品发送信息，或接收对方的信息。随着物联网的超连接能力不断提升，信息的流通将变得更加有效，人们的互动也更为便利。人们每天要管理的社会连接关系千差万别，数不胜数。所有这些变化都让"网络人"在行为上更像一个目标一致的超个体。网络确立并坚守集体目标的能力将继续增强。现在经由人际关系而传播的任何东西，在未来都将传播得更远、更快。随着互动范围的扩大，5G 社会的新特性将不断涌现。可以肯定，5G 社会能让人与物的连接与合作的范围更广、更深，这在人类史上是不曾经历过的，相信影响会相当深远。[○]

○ 尼古拉斯·克里斯塔基斯，詹姆斯·富勒著，简学译，《大连接：社会网络是如何形成的以及对人类现实行为的影响》，中国人民大学出版社。

第六编　开放数据

　　自2009年起，美国和英国相继上线了国家开放数据网站，加拿大、法国、新加坡等国家和地区也建立了政府开放数据平台，开启了全球开放政府数据的浪潮。2015年，国务院印发的《促进大数据发展行动纲要》强调，在开放前提下加强数据安全和隐私保护，在数据开放的思路上增量先行，并提出在2018年年底前建成国家统一的数据开放平台，2020年逐步实现交通、医疗、卫生、环境、气象、企业登记监管等领域数据向社会开放的目标。从地方层面看，自上海市于2012年6月首先上线试运行"上海市政府数据服务网"之后，北京、佛山、贵阳、武汉等地也陆续推出开放数据平台网站。

　　根据英国开放数据研究院（Open Data Institute）的定义，开放数据是指任何人可以自由获取、使用并且分享的数据。从技术层面而言，开放数据是指数据机器可读，便于无技术限制使用；从法律层面而言，开放数据是指在开放授权协议下，数据版权方不限制数据使用目的和人群，以及不限制数据的再次传播。

我国已经将国家开放数据平台建设提上了议事日程，但数据孤岛和数据垄断仍是数据开放的难点，数据开放过程中也面临诸多亟需解决的问题，比如数据权属不清、开放边界模糊、数据安全问题紧迫、数据开放立法缺失等。区块链技术的发展无疑为数据开放的复杂问题提供了解决思路，重塑数据的权威性和精确性，推进数据开放。开放数据重构生产关系和价值链，在政府治理、创新创业、民生服务等领域都展现出了重大价值，引领协同共治的社会治理变革，最终实现公共利益最大化的社会善治。

一、开放数据与数据开放

（一）从数据开放到开放数据

信息公开。政府信息公开在狭义上专指政务公开，要求行政机关公开其行政事务信息，属于政府制度层面的公开。而广义的政府信息公开则是在政务公开的基础上，还包括公开其所掌控的其他信息。政府信息公开与政府公共行政权力的运行有关，主要停留在政府法规、流程、权力等方面，更多的是规章、制度等信息层面，用于保障公众的知情权。其目的是促进依法行政，提高政府的透明度和公信力，便于公众监督政府工作、防止腐败，也便于公众与政府合作，降低行政成本。

权利的实施必须依照公开透明的法律制度，信息公开可以提高政府运作的透明度。1766年瑞典制定了《出版自由法》，是世界上首部政府信息公开法案，该法案赋予市民要求法院和行政机关公开有关公文的权利。美国于20世纪中叶开始将不涉及国家安全、个人隐私的会议记录（包括国会议员们的讨论记录）都在网上公开，是世界上政府信息公开最早、程度最高的国家。我国最早的政务公开是在1985年探索农村家庭联产承包责任制的过程中实行的村务公开，2008年实施了《中华人民共和国政府信息公开条例》，明确了政府信息公开的范围、方式和程序，以及监督和保障的相关措施，标志着我国政府信息公开进入制度化、规范化、流程化的快速发展阶段。

数据共享。政府数据共享体现在数据对内开放，即实现部门与部门之间的共享，是深化简政放权、放管结合、优化服务改革的关键之举，有利于提高政府公共服务效率，降低制度性交易成本。数据共享可以通过协议或者技术手段实现，部门之间达成一定协议或者在不同系统之间接入 API 接口，进行数据资源共享，打破部门之间的信息壁垒，改变政府治理的分裂模式，形成完整的公共服务链条。数据共享使得各部门可以迅速获取所需的原始数据，而非处理过的数据，再通过不同部门数据或系统数据的关联分析，制定精准高效的治理方案，提高政府办事效率，节约数据成本，避免资源浪费。

数据开放。大数据自带互联网的开放基因，数据开放是必然。窄带互联网推动了信息公开，在宽带互联网背景下，以云计算、物联网与大数据为代表的新兴信息技术获得了广泛应用，数据开放也因此有了更多呼声。数据开放是对原始数据的开放，意在打破"数据孤岛"，强化公众利用数据的权利。数据开放源于20世纪90年代中后期西方国家政府改革和信息技术的相互作用与发展，与西方国家"信息自由"运动倡导的开放政府理念、开源软件的技术变革以及大数据时代的现实需要有着密不可分的关系，体现了社会进步思潮、信息技术力量及市场需求对西方政府管理理念的冲击及其回应。

开放数据。从数据的广义内涵来讲，信息公开、数据开放和数据共享的最终表现均为开放数据。大数据时代，数据成为被激活的资产被赋予全新的意义，人们对开放数据的诉求发生了深刻的变化，开放数据运动已经成为一股全球性的潮流。开放数据不仅指"数据"的开放，还应包含"过程"的开放，即数据的来源、获取、处理等一系列数据操作方式的公开与透明。开放数据已不仅仅局限于政府开放的公共数据，还包括私人机构、企业等公布的数据，甚至包括经过用户授权并脱敏后的个人数据。

开放数据是关系政府治理、民生改善和经济发展的重要资源。对政府来讲，开放数据释放了政府的数据活力，推动政府与公民的合作，改变了个人和组织对政府行动或政治事务的影响能力，提高政府治理水平；对社会来讲，开放数据使政府与公众之间的沟通变被动为主动，为公众参与决策带来便利，同时利用开放数据还会带来社区关系和生活方式的改变；对企业来讲，开放数据的再利用可以产生新的价值和商业模式，从而开展大数据领域的创新创业，创造新产品和新服务。此外，开放数据对科学研究也有重要意义，开放科学数据既可能引导科研新范式，又能促进国际科学数据引进和交流共享。开放数据发展的关键在于开放文化对政治、经济、社会、科技等各个领域的渗透程度。

（二）开放数据的非歧视性和免于授权性

根据世界银行的定义，开放数据（Open Data）是指可以被任何人自由免费地访问、获取、利用和分享的数据。《开放数据宪章》将开放数据定义为具备必要的技术和法律特性，从而能被任何人在任何时间和任何地点进行自由利用、再利用和分发的电子数据。英国开放数据研究院对大数据的定义是任何人可以自由获取、使用并且分享的数据。以上定义都突出了开放数据自由、免费的特点，强调了利用、分享的价值。

对于开放数据的标准，"开放政府工作组"提出，数据在满足以下八项条件时可称为"开放"：完整，除非涉及国家安全、商业机密、个人隐私或其他特别限制，所有的政府数据都应开放，开放是原则，不开放是例外；一手，开放从源头采集到的一手数据，而不是被修改或加工过的数据；及时，在第一时间开放和更新数据；可获取，数据可被获取，并尽可能地扩大用户范围和利用种类；可机读，数据可被计算机自动抓取和处理；非歧视性，数据对所有人都平等开放，不需要特别登记；非私有，任何实体都不得排除他人使用数据的权利；免于授权，数据不受版权、专利、商标或贸易保密规则的约束（除非涉及国家安全、商业机密、个人隐私或特别限制），均可自由免费地访问、使用和传播等。^一这八项标准意在确保开放数据对社会能真正有用和易用，已被国内外开放数据实践和研究领域普遍采纳，作为评估开放数据水平的标准。

对比传统的信息公开与数据共享，开放数据秉承着开源世界所倡导的平等、自由的价值观，主要表现为开放数据非歧视性和免于授权两大基本特性。开放数据的开放精神不仅体现在物理时空的开放，更体现在数据的无限制使用上，以平等、公平、公正的开放许可形式进行数据分享。开放数据的优越性使其成为一个国家或地区的创新活力与透明度的重要标志。

非歧视性：倡导平等的价值观。开放数据的非歧视性是从开放对象的角度来看，开放数据要公平地开放给全社会，不受人种、群体、阶层、用户等级的限制，使这些数据可以被所有人平等共享地获取利用，而不是只给一小部分有特殊政府关系的机构和个人。开放数据剥去了权力、财富、身份、地位、容貌的标签，使不同行业、不同地方的人可以共同使用同样的数据，数据使用者彼此平等。开放数据的非歧视性意味着机会平等、选择平等、交易平等，加快推进人类文明的进程，构建了一个平等透明的空间世界。

免于授权：倡导自由的价值观。开放数据免于授权是从使用

㊀ 郑磊，《开放政府数据研究：概念辨析、关键因素及其互动关系》,《中国行政管理》。

目的角度来看，开放数据具有开放使用权限、不受用途和目的的限制，确保使用者自由免费使用的特点。开放数据免于授权的本质是赋予数据使用者更加自由使用的权利，可以通过商业和非商业的形式不受限制地进行使用和再使用，以激发公众对数据资源的需求和价值再发现。开放数据的融合碰撞丰富了数据的价值，改变了原本孤立的信息组织方式和传统的信息采集与运用流程，极大地拓展了人们思维的边界，推进了数据的价值挖掘与创新。

开放数据的自由使用可以激发城市生活服务创意，创新城市管理。智慧城市的建设与发展正是建立在对开放数据充分利用的基础上，运用物联网、云计算、大数据和移动互联网为代表的现代信息技术和手段，通过对城市数据资源的全面感知、整合、挖掘、分析与协同共享，提高城市管理和服务水平。开放数据还可以促进信息服务开发，催生新的商业模式。基于开放数据创建的数据公司越来越多，在健康、能源等领域的应用也越来越广泛，企业通过 API 接口自由获取开放数据，创造经济价值。可见，开放的文化以及基于数据决策的思维为大众创业、万众创新提供了诸多新的发展思路。

（三）开放数据与数据垄断

因人类交流共享的需要产生了互联网，互联网的快速发展又催生了大数据，大数据作为一种新的战略性资源，代表了新经济模式下的话语权，致使企业不愿开放数据，造成了数据"垄断"的现象。

数据垄断的主观因素是数据开放主体的意愿，即数据背后的权力利益问题；客观因素是数据安全隐患和开放技术问题。从根本上讲，企业数据垄断是经济利益使然，归于国内大数据市场发育的不成熟，在大数据市场建设与数据开放过程中，缺乏数据融合、立法、安全等方面的顶层设计，数据开放边界模糊，包括开放范围、开放程度等，缺少有力的法律支撑。但打破数据垄断的核心就是确定数据开放的边界，确定数据开放边界是关系数据开放共享制度和数据安全的复杂问题。

非公共数据与数据垄断。BAT（百度、阿里巴巴、腾讯三大互联网公司名称首字母缩写）三大互联网巨头凭借其固有的互联网优势，掌握了大量数据，是国内大数据垄断的典型互联网企业，以第三方支付为例，阿里巴巴和腾讯占据了中国九成的市场份额，高德地图被阿里巴巴收购之后，也不再开放地图数据。通过应用垄断数据创造商业价值的案例随处可见，无论是电商的精准推荐，还是百度的网络推广，亦或是微博、微信的精准营销，都能够直观体现大数据给用户和商家带来的商业价值。但鉴于数据权属不清晰和个人隐私保护等问题，公众若想获得这些数据仍然极其困难，必定也无法享受到大数据所带来的方便与快捷。

我国经济体制的特殊性决定了数据垄断存在于另一类企业——国有企业。国有企业是一种具有社会性的特殊生产经营组织形式，由政府占有终极所有权。伴随着我国经济的发展，国有企业占有了大量公共数据，其垄断的数据也亟须开放。国有企业凭借其对数据的垄断，通过委托其下属或具有利益关系的部门或企业进行数据资源的采集、生产，以及开展增值服务，获取高额利益。数据垄断利益主要存在两个方面，一是数据成本模糊，竞争机制不健全造成数据服务的垄断；二是数据权属模糊，将公共数据归为企业所有，形成数据利用的垄断。

数据垄断加剧了数据开放和利用的难度，数据垄断利益的存在大大阻碍了数据开放，也破坏了统一、公平、有序的市场竞争环境和机制。但要求企业开放数据的合理性和合法性尚无立法规定，如果大数据市场机制和顶层设计不能及时满足产业发展的需要，甚至会陷入互联网发展越成熟，数据垄断问题越严峻的怪圈。

推行契约式开放，扩大数据开放边界。 如何确定企业数据开放边界，引导企业逐步开放数据是难点也是重点。什么样的数据应该开放？开放的范围有多大？开放的程度有多深？这都是企业数据开放过程中的困惑。

企业应该把数据资源当作是一种资产进行规范管理，首先对企业数据资源清单进行梳理，对数据的涉密和非涉密情况进行界定，规范数据权属，确定哪些数据可以开放，开放后由谁负责管理等问题。尤其对于拥有大量生活服务类数据的互联网企业，政府可以以契约式开放的形式引导企业参与到数据开放的过程中，开放的范围可以包括不涉及商业机密的数据和部分脱密、脱敏处理后的数据。契约式开放是以政府掌握的能够开放的数据为基础，成立公共数据开放平台，向国内所有的法人企业、创业者进行点对点的开放。而对开放的规模、层次、展现形式、使用时限等以合同的方式进行事先约定，并根据相关法律和合同约定，对开放数据使用情况进行监管。通过契约式开放，可以吸引社会企业、社会法人参与形成一种良性互动的循环，进而促进政府数据和企业数据竞相开放，形成数据融合开放的格局。

二、政府数据的开放与区块链应用

（一）政府是开放数据的原动力

政府在履行行政职能的过程中，采集和存储了大量与公众生产生活息息相关的数据，是最大的数据生产者和拥有者。李克强总理在2016年中国大数据产业峰会上指出，中国超过80%的数据掌握在政府手中，政府应共享信息来改善大数据。这里所说的共享信息并不是传统意义上的信息公开，而是指开放数据，政府开放数据主要是指政府所掌握的原始数据的开放，是在确保知情权的基础上，让人们能够获得和利用数据。现阶段，政府部门之间的数据交换共享是远远不够的，在政府数据交换共享过程中，开放数据仍然是一个巨大的空间。从大数据角度来定位政府数据也仅仅是一个条数据或点数据，尚未上升到块数据的概念。[一]

政府数据取之于民，也要用之于民。推进数据开放共享，政府起主导作用，不能让部门利益成为公共利益的绊脚石。只要不涉及国家机密、个人隐私、商业秘密，政府数据都应完成数据治

㊀ 大数据战略重点实验室著，《块数据2.0：大数据时代的范式革命》，中信出版社。

理和数据整合，并提高数据质量，在此基础上逐步向社会开放。同时，对于能满足公民创新需求的"小而美"的数据也要进行开放。开放政府数据不仅能够惠及民众，推动社会经济发展，促进政治文明和社会进步，构建透明廉洁、民主高效的政府。更重要的是，政府的先行先试可以探索出更优的数据开放形式和方法，给企业开放数据带来可借鉴的经验。同时，政府带头开放数据，可以吸引社会企业、社会法人的参与，形成一种良性互动的循环，有利于带动社会剩余20%数据的开放，推动整个社会数据开放的进程。总体来说，政府是开放数据的原动力，政府开放数据将在政治、经济和社会等方面产生重要价值。

政府开放数据的政治价值。开放政府数据的政治意义在于提升民主政治和社会事务管理，助力政府治理现代化。随着透明政府、阳光行政的理念逐渐深入人心，加强政府数据开放已经成为社会公众的共识和呼声。公众需求驱动政府数据开放，推进民主，提高政府公信力，节约政府信息服务成本，提高政府工作效率。政府通过开放大量有价值的数据为社会所用，平衡政治信息持有者与政治信息接受者之间的信息不对称的问题，不仅有助于打破部门之间的数据壁垒，还有利于消除政府和公众之间的信息鸿沟，促进信息透明化和决策科学化。开放政府数据在一定程度上可以把公权力的行使由个别人、少数人知情变为多数人知情，从而制约权力滥用，有效预防腐败，进而强化政府责任，构建起民主、透明、廉洁、法治的服务型政府，提升治理能力。

政府开放数据的经济价值。对企业发展而言，政府开放数据有利于提高企业自身数据的质量、完整性和可用性，从而优化自身服务以满足客户需求，发展出更多、更新的服务机会，为企业带来更好的经济效益。对创新创业而言，政府开放数据可以激发市场活力和社会创造力，促进社会各方对政府数据资源进行深度开发和增值利用，助推产业升级和经济转型，带动企业在技术、应用、商业模式以及跨界交叉方面的创新涌现，推动传统产业转型升级。

政府开放数据的社会价值。政府开放数据一方面提升了整个社会获取信息的能力，改善了公共服务质量；另一方面，社会团体组织通过公共服务数据的价值再利用，保障了获取数据的准确性，从而为社会提供更加精准的产品和服务。政府开放数据引导人们生产方式和生活方式发生巨大变化，将带来社会变革。

（二）政府数据开放的复杂性

大数据时代下，数据具有增长速度快、数据类型繁多、数据杂乱无章、数据分散孤立的特点，存在数据涉敏涉密、数据标准不统一、数据权责不明确等问题，政府各部门信息化程度和信息化系统不同，且缺乏数据开放的法律依据，这些都是政府数据开放面临的现实困难和复杂挑战。

政府数据开放是一个动态循环的过程，包括数据采集、存储、处理、汇集、开放、流通、应用到反馈和更新，这个过程涉及政府、使用者、社会等多重利益相关方和诸多困难和挑战，为政府数据开放构建了一个复杂的"生态系统"。

数据资源目录梳理。为确保政府数据开放工作的顺利进行，政府各部门应按照相关要求对本部门所掌握的数据资源进行梳理，确定其开放属性，编制数据资源开放目录，对政府数据进行分级、分类，并建立本部门数据资源目录管理更新机制。这个过程有利于各部门梳理业务、明确职责、整理和挖掘数据资源、规范数据表示、摸清哪些数据可以开放。

数据采集。政府各部门应按照法定职责、相关标准规范和"一数一源"的要求进行数据采集，不应重复采集可以通过开放方式获取的数据，不应擅自超范围采集数据。同时，在采集开放的数据时，应当保障公民、法人和其他组织对其数据被采集的知情权。目前，政府部门采集数据的方式主要包括：网络爬虫、文本挖掘、传感器采集、其他部门或企业提供、有偿购买等。

数据存储。政府各部门应加强信息化建设，以数字化方式记录和存储数据资源，同时将具备条件的数据进行结构化处理，并通过数据库进行管理。非数字化数据应按照相关技术标准开展数字化改造后再存于数据库。由于各部门数据量大小不一，信息化程度存在差异，所以不同部门数据存储的方式也不同，有的部门会将数据存于自建的机房和服务器中，有的部门会将数据存于租赁的服务器中，还有的部门会将数据存于云端。

规范处理。由于政府采集的数据量较大，且杂乱无章，存在数据录入错误的可能，因此，各部门应按照相关规范和多源校核的要求对采集的数据进行整理和清洗，检查数据一致性，删除重复数据，纠正错误数据，处理无效值和缺失值。此外，由于政府数据涉及个人隐私、商业机密和国家秘密，因此，各部门应按照相关要求和规范对数据进行脱敏、脱密处理。

数据汇集。为了便于政府对开放数据进行统一发布、管理和维护，也便于公众对政府开放数据进行浏览、查询、检索和利用，应建立统一的政府数据开放平台，将各部门开放的数据汇聚到平台上，再安排主管部门负责平台的运行、维护、安全管理和对接工作，并为各部门提供技术支撑服务。

数据开放。政府应遵循公平性、便民性、实时性、原始性等原则开放数据。不歧视任何公民、法人或其他组织获取开放数据，促进政府数据最大范围的应用。提供方便的获取渠道、可机读的数据格式，便于公众获取及利用。在时效范围内及时开放、更新数据，保障数据的利用价值。在合法合规前提下尽可能开放原始数据，基于原始数据衍生或聚合的数据也应开放。

数据流通和应用。数据开放以后，政府可以通过应用创新开发竞赛、服务外包、社会众包、助推计划、补助奖励、应用培训、政策扶持等方式，鼓励和支持各类社会主体在生产、经营、管理等环节充分利用并深度挖掘开放的政府数据资源，不断开发新产品和新应用。政府内部可以通过获取其他部门的开放数据，实现部门的业务流程优化和再造，创新社会治理和服务模式，提高信息化条件下社会治理能力和公共服务水平。企业可以获得更具商业价值的数据，通过将政府开放数据与自己的数据进行融合，提高生产效率，减少资源浪费，降低决策失误，优化经营管理。

数据反馈和更新。数据使用者对获取的政府数据资源有疑义或发现有明显错误的可以及时向相关部门反馈，同时政府数据开放平台应对开放数据进行动态管理，及时校核和更新，以确保数据准确性。

数据在采集、传输、存储、处理、汇集、开放、流通和应用等开放过程中还会存在重重风险和挑战，如果数据安全得不到保障，数据开放势必起到反效果。在数据采集过程中，可能存在数据损坏、数据丢失、数据泄露、数据窃取等安全威胁。在数据传输过程中，一方面存在数据被窃取和被篡改的问题，特别是在无线网络的传输环境下的数据安全问题尤为突出。另一方面，还面临机密性、完整性、真实性等安全问题。在数据存储过程中，安全问题主要表现为数据管理权限不确定、访问控制问题以及存储能力不足等风险。在数据处理过程中，可能存在处理不完全、不规范，导致隐私数据和涉密数据泄露，以及数据不准确、不完整等问题。在数据汇集过程中，最大的安全风险是汇集平台遭受黑客攻击，导致数据被盗取、被篡改，或发生自然灾害使得系统崩溃。经过脱密、脱敏后的数据在开放过程中也存在安全隐患，通过融合后的数据可能分析、推导出一些隐私或涉密信息。

为了应对数据在开放过程中的风险，政府应建立健全数据开放安全管理制度和安全保障体系，加强数据开放平台安全建设和管理。从物理层、数据链路层、网络层、传输层、应用层等各个层面进行安全防护；明确数据采集、存储、传输、共享、开放、使用等环节的安全范围、责任主体和具体要求；运用数字加密、身份认证、入侵检测等手段，切实保障数据安全；并强化对数据资源建设的审计监督以及数据开放的评价，建立安全应急处理和灾难恢复机制。

（三）区块链：政府数据权威性和精确性的关键

政府数据开放过程中，极其重视信息技术安全、信息安全和数据可靠性等问题，而区块链被广泛认为是解决这一问题的强大工具。区块链是大数据资源流通与安全保护的重要支撑技术，将区块链技术应用于大数据风控体系，有助于减少数据欺诈，提高数据的安全性，可以有效解决数据孤岛、数据低质和数据泄露等大数据发展难题，有力推动大数据发展进程。

区块链本质上是一个去中心化的分布式账本技术，其难以攻破、公开透明、不可篡改等特性解决了现实世界中存在的诸多技术壁垒，也使其应用场景迅速扩张。IDC 区块链报告指出，区块链可成为验证数据出处和精确性的核心工具，[一]可以追踪数据升级，是政府提升数据精确性和权威性的有效解决方案。

区块链提升政府数据权威性。政府数据权威性就是政府数据的公众信任度和社会认可度，满足数据真实、准确、可靠的基本要求。在传统政府数据权威性受到质疑和挑战的情况下，区块链技术有提升政府数据权威性的潜力。基于区块链技术能够建立不同组织间数据共享开放的登记、追踪、考核和激励机制。它可以

㊀ Sheetal Kumbhar，《IDC 报告：区块链是政府数据权威性和信息精确性的关键》。

跟踪公共和私人数据，说明数据出处，并及时动态更新数据本身的详细信息；规定数据所有权、更改权以及数据最终权威版本的位置，鼓励数据拥有方共享开放数据；激励数据获取方展示数据应用绩效，并对数据共享开放行为给予适当激励或赞许。从而，达成网络系统的信任共识，促进组织间数据共享开放，最终体现政府数据全生命周期管理的权威性。

区块链提升政府数据精确性。精确性是数据质量的关键特性，意味着任意对象的数据值记录都是正确的，形式和内容都与描述对象一致，强调数据记录过程的精确性。共识机制是区块链技术的核心，是指区块链节点就区块信息达成全网一致共识的机制，可以保证最新区块被准确添加至链，保证节点存储的区块链信息一致不分叉，甚至可以抵御恶意攻击。区块链共识机制收集和核对信息的方式尤其适用于政府数据采集系统，区块链的共识协议会检查多源数据是否有效，以及是否可以添加到区块链中，核对新的记录与其他信息的匹配性，以保证数据的精确性。

基于区块链技术通过共享记录来跟踪实体活动不受黑客攻击和未授权更改的影响，对数据共享开放中涉及的数据隐私侵犯、数据泄露或数据滥用进行监督。一旦通过点对点网络建立了共享的"真相"版本，区块链多个节点会共同保证数据的完整性。因此，区块链可以作为改善政府数据真实性和精确性的基础，帮助政府解决数据在精确性验证中长期存在的困难，规避数据共享开放的风险。

三、以开放数据推动社会善治

（一）开放数据下的社会协同共治

开放数据推动社会治理的变革，社会治理主体从一元化向多元化转变，治理系统从自上而下或自下而上向法治、协商和自治转变，治理模式从政府管理向政社合作转变，是一个还政于民的善治过程。善治就是使公共利益最大化的社会管理过程，本质特征是政府与公民对公共生活的合作管理，是政治国家与公民社会的一种新颖关系、一种最佳状态。以善治的理念为指导，塑造政府与公民的良好合作关系网络，有赖于公民自愿合作和对权威的自觉认同，需要公民积极参与。

开放数据下的共治主体。开放数据受众具有普遍性，社会治理主体从独立个体横向延伸变成所有社会主体。有部分观点主张将治理主体扩充为公共机构、非盈利组织和私人单位，这种观点虽有一定的合理性，然而并不是很全面。随着开放数据的复杂性和多样性，社会治理决策也变得越来越困难，更需要各个专业、各项技术、各种意见的合作参与和秩序整合。开放数据下的多元共治主体主要包括五个层面，即中央政府、地方政府、企业和各种市场主体（包括消费者和代表整个行业利益的行业组织等）、社会组织（公益性和互益性），以及公民和公民各种形式的自组织。[一]

㊀ 王名，蔡志红，《社会共治：多元主体共同治理的实践探索与制度创新》，《中国行政管理》。

　　"80%理论"表明政府成为数据资源持有者中最大的主体，随着政府数据的开放，充分释放了数据的活力，让公众和企业参与社会治理，实现多元化、精准化和个性化的协同共治，提升政府公共服务的效率。在这种协同共治的多元主体中，市场主体将成为社会协同治理的重要主体之一。这是因为相较于政府，市场具有更先进的科学技术和人才资源，同时各行业的开放数据丰富了市场主体可用的新型生产资料，充分激活市场的创新能力，通过各种数据服务提升社会治理方式、治理手段和治理决策，让社会治理变得更加科学。

　　开放数据下的共治系统。开放数据体现了共治主体的自由与平等性。多元共治系统建立在法制基础上，蕴含了法治、协商和自治的理念，它是一个相互融合的复杂开放系统。与自上而下或自下而上的一元治理系统相比较，多元共治系统则是一个各主体协商对话、表达诉求、平等交流、自由进入的开放系统，具有多元、开放、公共的特性。另外，随着互联网技术的发展，进一步为多元主体共同治理提供自由、平等、协商对话的公共平台和网络空间。

　　在共治系统中，社会自治起着关键的作用，没有自治的社会治理，最多实现善政，而不可能实现善治。善治是政府与公民对社会生活的共同治理，是社会治理的最佳状态。善治意味着社会治理处于一个良好的状态，是无须外部因素介入的治理。从某种意义上说，如果没有高度发达的社会自治，就难有社会治理的现代化和社会善治。

　　开放数据下的共治模式。在开放数据的共治系统中有五个核心机制，对话、竞争、妥协、合作和集体行动，其中合作是关键机制之一，主要体现在政府和企业的合作。目前，社会服务需求不断增长与公共服务供给严重不足等矛盾加速了政企合作的进程，同时公民通过数据开放参与社会治理的积极性持续提高，各种市场主体和社会主体在数据开放中活跃起来，在多元共治中发挥显著的功能和作用，由此政府与社会展开广泛、深度的互动合作，形成"你中有我，我中有你"相互融合的态势，政府和社会形成共生、共存、共荣的合作格局，是社会协同共治的方向。

（二）共享经济弥补政府监管短板

开放数据实现了公共利益最大化，促使人类逐步进入人类文明发展的高级形态——共享社会。共享社会建立在一定的经济社会结构、生产方式和分配方式基础上，是一个动态发展的过程。

生产资料公有制奠定了全民共享发展成果的基础，催生了按需生产的共享经济模式。不同于政府调控手段，共享经济是典型的市场机制，即通过供求一体化带来的高效资源利用和价值创造。共享经济不仅解决了临时性的分散雇佣与就业问题，盘活闲置社会资源，还可以通过开放数据提供公共服务，共享经济的出现弥补了政府监管的短板。

共享经济有助于调节供需关系。共享经济是通过共享平台对闲置资源进行重新配置，将闲置资源转化为能提供社会价值和推动经济发展的创新资源，实现再利用价值，提高资源利用率。共享经济的核心是让信息对称，稳定供需匹配，如 Uber 充分利用私家车的闲置空间和时间，为私家车匹配市场，实现闲置价值共享；Airbnb 将长期闲置的私家住宅进入市场，进行资源再配置，带来盈利等。共享经济模式颠覆了政府通过行政管制或者宏观调控来保证市场稳定和秩序的基础，充分发挥大数据的优势，利用技术和算法为市场中心调度制定规则，动态匹配供求关系，优化资源配置。

共享经济具有更科学的内生性治理方式。共享经济的开放性是内生性治理的必然选择。内生性治理强调包容和开放，是基于市场现实需求、自发产生的良性秩序，并随着社会的需求变化而变化。共享经济的高效性是内生性治理的显著特征。[一]共享经济对市场需求灵活敏捷的反馈已远超传统行业实现自身进化的速度，其中包括基于实际情况对内生性规则的不断完善调整。例如，传统出租车市场的垄断、僵化已经越发难以满足人们快捷、舒适、安全出行的需求，而专车作为新兴事物恰好适应了这一需求，能快速得到市场的认可，这与其高效运行模式和管理机制是密不可分的。

依托移动互联网技术，滴滴出行将传统出租车资源逐步纳入内生性治理的范畴。滴滴出行整合线上线下闲置车源，打破传统出租车公司完全"控制"的封闭局面，将打车领域最终从"一元控制"变为"多元互动"。各方主体在不断互动的过程中，话语权均有所增加，成为内生性治理的有机组成部分，逐步实现对内生

　　〇　赵治，《"互联网+"时代背景下的内生性治理》，《行政管理改革》。

性治理的回归。

共享经济有助于完善社会信用体系。共享经济是一个庞大的立体关系网络，包括供需方之间、上下游之间、投资与创业者之间的关系，这个庞大的网络有助于构建新的社会连接。共享经济的公平、对等理念有助于打破阶级隔离，充分扩大人们分享的社交网络，把各阶层的人带入同一对等的平台，促进不同人群的对话、交流与理解。共享经济本质上是一种信任经济，发展共享经济会促进信息日渐透明、对称，有助于完善社会信用体系，重新构建人与人、人与社会之间的关系。[⊖]

为了保障客运服务的安全性，传统出租车行业通过公司化运营和司机准入门槛的设定确保营运活动安全性。目前，我国正在建立社会信用体系可为专车司机的背景调查提供渠道。以上海市公共信用信息中心为例，该平台可为专车司机提供必要的信用调查报告，并对驾驶员的信用记录进行跟踪评价。社会信用体系的建立解决了共享经济活动中从业人员资质和信用背景调查的要求，保证了营运活动的安全性。

（三）共享开放数据红利

在大数据时代背景下，数据开放的呼声越来越高，世界主要科技发达国家顺应形势，相继出台了一系列促进数据开放的重要政策，促使各类封闭数据流动起来，极大地丰富了开放数据的资

⊖ 吴家喜，《共享经济对创新的影响机制及政策取向》，《中国科技资源导刊》。

源池，让蕴藏已久的数据价值得以大放异彩。从实践结果来看，开放数据在政府治理、经济、民生等领域都展现出巨大价值，实现了数据红利、开放共享。

开放数据构建诚信社会。李克强总理明确表态，政府掌握的数据要公开，除依法涉密的之外，数据要尽最大可能地公开，以便于云计算企业既为社会服务，也为政府决策监管服务。开放的政府数据中有关信用的数据对构建社会信用体系起到关键作用。社会信用体系是社会治理体制和市场经济体制的重要组成部分，是加强和创新社会治理、完善市场经济体制的重要手段，对促进经济社会持续健康发展意义重大。通过开放信用数据，提高社会信用透明化，减少社会活动中存在的各种不诚信行为，构建一个健康诚信的市场环境。

开放数据促进社会公平。从开放数据的原则来看，数据获取具有无歧视性，任何人都可以在没有登记的条件下公平自由地获取、使用开放数据。从开放数据推进共享社会建设角度来看，共享是以推进社会公平为前提的，共享社会建设要加强权利公平、机会公平、规则公平的制度支撑，共享改革发展的成果，形成"人人参与、人人尽力、人人享有"的发展态势。共享发展要减少公共服务的城乡差距、区域差距和人群差距，实现人人平等、公平的社会关系。

开放数据激活市场创新。开放数据将刺激相关市场主体创业创新，增加就业机会。未开放的数据被存储在相互独立的数据库中，政府、企业、社会组织以及个人之间的数据都是相互孤立的，通过数据开放将孤立的数据相互连接，释放巨大的商业价值。数据的开放让众多企业不再依靠自身拥有的资源而获得竞争力，而是通过开放数据创新服务模式、提高产品质量来占领市场。年轻的企业正在挑战掌握着数据的龙头企业，他们正利用并挖掘开放数据的价值，以更加高效的方式提供重要服务。开放数据将形成一个巨大的社会开放数据资源库，激活市场创新，推动创业和改革。

开放数据带来便捷生活。开放数据给公众带来的最直接的体会是生活更加便捷、健康。食品安全方面，通过食品数据的开放，为消费者提供食品产地、日期、成分、营养、标准等信息，实现食品质量可追溯，同时，根据消费者消费习惯和健康数据提供个性化服务与膳食结构建议，帮助消费者选择放心食品与营养食品。既保障食品安全，又保障身体健康。健康出行方面，公安交通管理局的开放的公交定位数据，通过关键技术和算法实现精准预测，可以查看公交车行进的实时信息，以便提前安排出行计划，使出行更便捷、可靠，实现公众出行服务的信息化、智慧化，还能通过交通信息提前避免拥堵路段，为出行节约时间，提高出行效率。

第七编　数据交易

　　据《2016年中国大数据交易产业白皮书》的不完全统计，2016年我国大数据交易市场规模达到62.12亿元，预计2020年将达到545亿元。鉴于大数据交易在重要领域的巨大价值，为适应经济社会发展的要求，我国相继颁布《促进大数据发展行动纲要》《"十三五"国家信息化规划》等系列政策，不断引导和扶持大数据交易产业发展。

　　数据交易是大数据价值与红利的释放手段和过程，随着数据交易类型的日益丰富、交易环境的不断优化、交易规模的持续扩大，数据资产变现能力显著提升。然而，数据交易仍存在权属不明、隐私安全、监管缺失等问题。基于区块链技术，可以实现交易数据的自由发布、自主发现和灵活交付，实现交易过程安全可控、全面监管，这为数据交易提供了有效的解决方案。

大数据交易的目的是促进数据的流动和价值体现，通过不同行业之间的数据碰撞带来更加丰富的价值，提高生产效率，深度推进产业创新，促进高价值数据汇聚对接，满足数据市场多样化需求，实现数据价值最大化，这对推进数据强国建设具有深远意义。

一、数据确权与定价

（一）数据商品化是大数据发展新趋势

从"互联网+"到"大数据×"，我们无时无刻都能察觉到大数据在实际应用中的身影。移动互联网时刻记录着人们的行为和活动，从这个意义上来说，个人已成为大数据生产的重要主体，个人数据也因此有了更深、更广的内涵。个人数据一旦有了蕴藏价值和变现渠道，必将有力促进个人及社会的数据类型和总量的增长，促进人类从数据中发现新知识、新价值，挖掘出新利润。在此过程中，越来越多的人也意识到大数据带来的商机与价值，数据商品化已经成为大数据发展的新趋势。

个人数据商品化走向必然。大数据时代，随着移动互联网、多媒体以及物联网的高速发展，大数据规模及其存储容量呈指数级增长，数据已经被当作是可以与土地、资金、物质资产和人力资本相提并论的重要基础性资源，能提高企业和公共机构的生产率和竞争力，并大幅度提升消费者福利。其中，个人数据是具有较高价值的一类数据，世界经济论坛定义个人数据[⊖]是由个人创造或与个人直接相关的数据，包括个人自愿提供的数据（由个人创造并且明确分享的数据，例如社交网络个人资料），观测到的数据（记录个人行为的数据，例如使用手机时的位置信息），以及推断的数据（基于对个人自愿提供的信息或观测到的数据，例如信用评分）。

个人数据是社会和商业组织中数据的重要组成部分[⊜]。大数据时代，个人数据更能满足商业和产品创新、广告营销、社会研究、政府决策等利益相关者的需要。因为人与人之间存在着很大差异，每个人产生的个人数据，特别是个人行为数据和个人原创内容，通常具备不可替代的作用。个人数据在生产过程中凝结了个人用户的劳动和智慧，极具使用价值。所以，各类社会组织都更加关注个人数据的跨组织交换，以获得外部数据，从而更全面地了解用户消费、社交和工作场景，掌握更真实、更立体的个人用户情况。个人数据商品化不仅是为了自身消费，更重要的目的是进行对外交换以促使个人数据价值最大化，从而增加社会的精神和物质财富。个人数据是个性化商业服务和创新发展最重要的生产资料，是数字经济背景下的"新石油"，具有较高的交换价值。

从数据交换到数据交易。目前，各个社会组织对大数据的使

⊖ 谢楚鹏，温孚江，《大数据背景下个人数据权与数据的商品化》，《电子商务》。
⊜ 谢楚鹏，温孚江，《大数据背景下个人数据权与数据的商品化》，《电子商务》。

用极为有限，大部分数据仅以碎片化形式分散存在于组织内部，仅限于组织内部被整合、挖掘和利用，很少能在跨组织之间进行流通交换，使得大数据的社会和商业价值难以发挥。一方面是因为大部分的数据拥有者把数据当成自身的"宝贝"，不愿意拿出来，特别是具有垄断条件的大型企业和政府都不愿意共享开放数据，另一方面由于隐私权限制，除非获得用户本人的同意，否则在跨组织间进行交换数据几乎是不现实或不合法的行为。社会中的数据总量很多，由于存在数据领域内的垄断或割据现象，使得大多数数据需求机构能利用的数据资源稀缺，社会数据资源难以被高效利用，从而阻碍了大数据市场的形成。这已严重影响到数据产业形成专业化的分工与合作，成为大数据产业发展道路上面临的主要矛盾。在这种情况下，亟须出现能促进跨组织之间进行数据交易的机制和方法。

数据商品化是把数据产品当作商品出售、购买和转让，通过数据商品交换实现数据本身的价值和使用价值[⊖]。因此，数据交易是数据商品化的过程，即将"数据"作为一种商品进行买卖。大数据交易与软件交易、保险产品交易、金融产品交易等商品交易相同，是数据提供方、数据购买方及数据代理人对原始或经处理后的数字化信息进行交易的活动。在进行数据交易之前，需要进行数据清洗、脱敏，除去和隐私相关的信息，以保护隐私。数据交易是大数据价值与红利释放的过程和手段，能促使社会数据资

⊖ 谢楚鹏，温孚江，《大数据背景下个人数据权与数据的商品化》，《电子商务》。

源需求机构充分挖掘数据的潜在价值，增加新兴企业的发展机会，提升大数据应用的多样性和效率，最终充分发挥大数据价值。可以说，推动大数据交易产业的发展已成为充分激活数据资源价值的必经之路。

数据商品化创造巨大价值。数据是一种抽象的商品，但一定程度上也类似于劳动力商品，即单个数据的价值很有限。只要足够多的、差异化的数据集合在一起，经过专业化加工和整合，就会具有很高的交换价值。经过集合的数据将帮助社会和商业机构更加了解甚至预测每个用户个体行为，挖掘分析出现实社会运行的逻辑规律，并大幅提升创新的能力。数据的流通交易应该像自由劳动力市场一样，成为一个自由的买卖市场，通过市场来提升组织间的合作、创新以及经济成长。新兴产业和商业创新将通过大数据流通交易更容易地获得重要的生产资料，从而能更平等地与大型企业形成良性竞争。在数据商品化的过程中，数据的生产平台或企业也将获得经济利益回报，达到合作共赢的新局面。

数据商品化将促进数据资源的自由流通和大数据市场的繁荣，并提升社会生产力和创新力。大数据是可再生、可重复利用的基础资源，在大数据时代，这意味着社会财富总量的增长。长期积累的大量数据也将在竞争的环境下得到更多、更有效的利用，从而挖掘出巨大的价值。大数据商品化交易的广泛发生，将加速促进数据资源的流通和增值应用，从而充分发挥出大数据背后的价值和意义。数据商品化是大数据发展的合理化基础与必然性要求。

随着高新技术推动大数据技术环境日益成熟，数据交易类型将日渐丰富，交易环境不断优化，交易规模持续增长，让数据商品在市场中自由流通已经是大数据发展的新趋势。

（二）数据定价：价值规律基础上的新内涵

随着数字技术的高速发展和经济的融合，数据交易也成为创新的商业模式，受到越来越多的重视与关注。数据商品在市场上自由流通，迸发出的巨大价值越来越被认可，但数据商品与工业化的商品不同，工业化的商品主要是以实物为主，采用标准化的原材料和制作工艺，通过特定的流程生产出来的。而数据的形成方式多种多样，需要重新认识数据商品的价值规律，并有机结合合理的定价模式和定价策略，为大数据交易市场的可持续发展提供基本支撑。

数据商品价值的特殊性。数据商品的价值体现为数据背后的信息和知识，它与普通商品相比，有着完全不一样的特征。首先，数据商品极易复制且成本低。传统的交易商品，具有天然的产权边界，买卖完成后，交易卖方不再拥有该商品的产权，也无法获得该交易商品的支配权。数据商品与传统商品交易和变现的最大区别就是，数据商品可被反复交易。数据是一种无形资产，其交易可以归属为知识产权的交易，其具有易复制、无损耗的特点，难以防范侵权行为的发生。其次，数据产品需加工。与金融交易所和商品交易所不同，数据商品的交易可能涉及他人隐私。大数据交易所的数据交易需要对原始数据进行清洗加工、脱敏处理后才能交易。目前的数据交易很难广泛发生，很大原因是大部分具有交易价值的数据都与用户的隐私有紧密关联。最后，数据商品价值的不确定性。由于大数据具有大容量、多样性的特征，故而其价值取决于不同主体的需求，同一个数据集对不同的企业来说价值相差甚大。比如，拥有大量我国方言的语料库数据，对于绝大部分人或企业而言，价值几乎为零，但对于科大讯飞等专门做语音识别的企业，则是能大幅度提升识别准确性的"金子般"高价值数据。随着大数据交易市场的发展，研究数据商品价值规律的特殊性，并进一步对其进行合理定价，是数据商品化阶段需要突破的难题。

数据商品定价模式。根据马克思劳动价值理论，商品的价格由其本身的价值量决定，即由商品生产的社会必要劳动时间来决定。同时，在现实经济市场中，商品价格是由市场供求决定的。随着市场供求的变化，商品价格也围绕其价值上下波动。当供给大于需求时，价格会趋于下降；当供给小于需求时，价格则趋于上升。因此，商品的价值规律是其价值量取决于社会必要劳动时间，商品按照价值对等的原则进行交换，其表现形式是商品价格受到市场供求关系的影响，围绕其商品价值上下波动。然而，由于大数据商品价值规律的特殊性、稀缺性和不确定性，加上数据商品的产生是一种数据获取和收集的过程，很难用社会必要劳动时间来界定，故而决定了马克思劳动价值论和供求关系论不适用于对数据商品进行合理定价。

现阶段，大数据市场尚未成熟，数据产品本身极具垄断性，加上每个大数据产品可能都有其独有的特性，所以要从占有市场份额和企业周期来对其定价是很困难的，也是不合理的。数据商品的价格受到数据量、数据种类、数据完整性、数据实时性、数据深度、数据时间跨度、数据覆盖度和数据稀缺性等因素影响，以及考虑到交易双方信息的对等性和交易地位等因素。一般认为，较为适合的定价模式是运用效用价格论、成本价格论。其中，效用价格论认为决定大数据价格的是其使用价值，即使用数据商品前后的预期收益（或损失）的差值是最高价格；成本价格论认为决定数据商品价格的是其成本，进而确定数据商品的最低价格。最后，交易双方根据最高和最低价格确定数据商品的理论价格区间。

数据商品定价策略。由于传统的定价模式无法有效应对数据商品合理定价及交易过程中可能出现的影响，故须依据数据商品定价模式，基于数据商品的理论价格区间，再结合合理的定价策略进一步对数据商品精确定价，这也是现阶段大数据定价的主要解决方案。目前，围绕着大数据定价的双向不确定性问题，数据商品的定价策略主要有平台预订价、预处理定价、协商定价、固定定价、拍卖定价、实时定价等。平台预订价策略是指当数据提供方将数据上传到数据交易平台后，数据交易平台根据数据质量评价指标体系对数据集进行评价，通过评价结果确定一个价格建议区间，数据提供方再在此价格区间内定价。预处理定价策略是指对数据集进行加工、清洗和分析挖掘等预处理工作，并从当中得到某些信息，最后按照信息的定价模式来确定数据商品的价格。

固定定价策略是数据提供方根据自身数据商品的成本价值和效用价值进行评估后，再结合市场供需情况，给出数据商品的固定价格，并在数据交易平台上出售。协商定价策略是基于各方对数据商品价值的共同认可，通过协商的方式尽可能地取得买卖双方对数据商品价值的一致认可。拍卖定价策略是在数据提供方设置数据商品底价的基础上，买家轮流报价，出价最高方中标。实时定价策略中的实时价格主要由数据集的样本量和单一样本的数据指标项价值决定，再通过大数据交易系统自动完成定价，其价格实时浮动。

（三）数据确权与数据资产价值最大化

随着大数据时代的来临，大数据已经成为推动产业融合的战略性资产，而数据只有在流通中才能释放其潜在价值。数据资产化是数据实现交易的基础和前提，但数据本身的特有属性，不适用于现有物权的概念给数据资产赋权。数据确权困难以及其权利体系构成的复杂性等问题，很大程度上导致了大数据产业市场活力不足、数据流通中纠纷频发。此外，数据资产能创造效益和产出价值，但如何运营管理数据，防止数据资产流失，确保数据资产的保值增值，实现数据资产价值最大化，也是非常值得关注的。

数据确权是数据交易的突破重点。 从数据交易的角度来说，数据确权[一]是指为明确数据交易双方责权利等方面的相互关系，保护各自的合法权益，而在数据权利人、权利性、数据来源、取得时间、使用期限、数据用途、数据量、数据格式、数据粒度、数据行业性质和数据交易方式等方面给出的权属确认指引，以引导交易相关方科学、统一、安全地完成数据交易。所以，从上述概念来看，数据确权主要解决以下三个问题：一是数据权利属性，即给予数据何种权利保护；二是数据权利主体，即谁应该享有数据上附着的利益；三是数据权利内容，即明确数据主体享有哪些具体的权能。

数据权利属性。法律上通常根据对象所体现的价值给予不同属性的权利保护。数据具有财产的属性，而数据的财产属性体现在三个方面：价值性、可控制性和稀缺性。数据的商品化已经充分证明其具有使用价值和作为资源的稀缺性。数据可被记录，而使其可被控制和支配。数据可被无限复制，且复制不会减损其价值。

数据权利主体。大数据环境下数据主体认定的难度更大，其根源在于大数据应用带来的数据流通链条更长、更复杂，以及由此带来的数据内容和数据载体二元结构更加凸显的影响[二]。在实践过程中，当前数据权利主体的认定，需要厘清四个主要的主体身份（数据创造者、数据控制者、数据处理者和数据使用者）的权利内容和侧重点。

[一] 北京软件和信息服务交易所，《交易服务助力大数据工业生态系统完善》，北京软件和信息服务业协会官网。

[二] 彭云，《大数据环境下数据确权问题研究》，《现代电信科技》。

数据权利内容。由于数据的内容可以被无限复制、无限共享，数据经过流通和使用后，其价值也不会减少，这使得数据权利的关注内容不能局限于数据的实际控制和占有，还应扩展至数据的流通与使用。

数据资产化。2013年，"大数据之父"维克托·迈尔－舍恩伯格在其所著的《大数据时代》一书中提到："虽然数据还没有被列入企业的资产负债表，但这只是一个时间问题。"○现今来看，数据资源已经是企业的核心资产，大数据代表了价值。我们正处于大数据变革的时代，数字技术与经济社会的交汇融合引发了数据量的迅猛增长，如果将互联网比喻为工业时代的蒸汽机，那么大数据可以比喻为"新型石油"，石油是曾在上两个世纪对经济产生重大影响的自然资源。大数据已经成为企业、国家等层面重要的战略性资源，成为各行各业的业务职能领域中重要的生产要素和变革力量。大数据已经成为社会各类机构，尤其是企业的重要资产。

数据资产化○是将经过定义、脱敏或描述过的数据"写入"大数据，控制人所掌控或享有使用权的记录载体，是大数据"进化"为交易标的的过程。数据资产化是对工业时代的价值思维的批判，也是对泛互联网时代创新式资产变革的回应，是互联网泛在化的资本体现，它让互联网的作用不仅局限在应用和服务本身，还具

○ 维克托·迈尔－舍恩伯格，肯尼思·库克耶著，周涛等译，《大数据时代》，浙江人民出版社。

○ 王玉林，高富平，《大数据的财产属性研究》，《图书与情报》。

备了内在的金融价值。大数据作为互联网信息化时代下核心的价值载体，必将朝着其价值本体转化的趋势发展，而它的"资产化"，以及未来更进一步演变的"资本化"，将会推动未来的商业模式完全信息化、泛互联网化。

数据运营盘活数据资产价值。数据是一种可以创造效益和产出价值的有价资产，尤其是当数据资产的容量变得越来越大，类型也变得越来越复杂时，大数据相关技术的高速发展，大量高价值数据尤其是个人隐私数据的采集、流通、应用和二次利用成为数据价值创造的源泉。同时，用户数据也面临着被数据中间商、数据利用者等多重主体的关联分析，因而用户对自身数据的控制能力日渐减弱。所以，如何存储管理汇聚的海量数据，保证数据资产的完整安全、合理使用、范围限定等，也让无数企业和政府机构为之头疼不已。

此外，数据的运营者还应该盘活数据资产，使数据资源价值发挥最大化。在经济新常态的背景下，数据作为企业的核心资产，应该得到合理的评估和流通，真正成为创新创业的基石和动力，以推动双创的发展。现阶段，已经出现了数据资产登记、评估、数据投行等数据资产增值服务。数据资产与一般资产的最大区别在于，它具有不断增值的可能性。数据资产如果不能为企业带来真正效益或经济利益，再多的数据也只是一堆垃圾。因此，企业或政府只有不断利用数据、整合数据、转化数据，让数据流通应用起来，才能把数据变成有价值的数据资产。

二、数据交易催生大数据产业新业态

（一）数据交易推动大数据产业发展

大数据产业中庞大数据的生产和交换，使数据从抽象概念中逐渐剥离，成为互联网时代、大数据时代的一种特殊商品。[一] 数据市场是科技与资本的最佳连接点，依靠其在资源配置中的决定性作用，各种各样的新业态、新技术、新模式在一次又一次的变革中成为趋势和潮流。数据交易借助市场的力量，让数据资源成为可供交易的商品，形成了正向的创新引导和利益引导，进而有效衔接大数据产业链的上下游产业，创新出庞大的产业生态，最终成为数字经济下的发展引爆点。

促进数据资源流通。数据是一种无形资产，需要实现政府、行业、企业之间数据的共享和流通，使大数据之间发生碰撞，从而提升数据资产的价值。但是大量高价值数据掌握在政府部门和少数企业手中，各行各业间的数据壁垒还未打破，政府数据有非常大的应用市场亟待开发，数据开放、数据流通依然是大数据产业发展的瓶颈，所以引导加速数据流通是关键。数据实现交易可促进数据资源的流通和价值体现，使数据资源交流实现互联互通，让各自系统的数据实时有效地进行跨界融合和流通应用。数据流通是大数据产业发展的一个核心环节，数据交易是数据流通的一种形式，对大数据产业发展有着重要的意义。

〇 朱可翔，《数据交易开启大数据产业发展新时代》，贵阳网。

随着全球大数据技术的高速发展和日趋成熟，大数据产业正在逐步规模化。大数据相关的应用愈加广泛，社会认知程度越来越高。在大数据活跃氛围的激发下，数据交易平台、数据银行、数据分析等中间机构的大量涌现，通过数据交易的方式来撬动自身数据资产以获得利益，对于拥有大量高价值数据资产的企业而言，必然会是一种有效吸引。随着大数据流通交易产业的变现模式逐渐得到全社会认知，让数据流通交易起来，不仅能实时满足大数据市场的多样化需求，而且能积极推动对数据资产的合理定价、登记确权的进步，出现大数据交易市场、交易指数等，进而真正带动大数据产业的繁荣。

推动数据增值利用。数据交易的不是数据本身，而是数据的使用权或增值性，数据资产存在数据银行以后要让它实现增值，这需要对数据资产进行分析和处理。数据拥有方和数据需求方之间很难对接，并不是通过物流或传递就可以产生交易。实际上拥有数据和需要数据的是两方，中间要经过很多环节才能把他们的需求对接起来，这就需要数据处理。数据源的融合以后，可以产生1+1>2的效果。目前，我国80%以上的数据资源掌握在各级政府部门手里，需要开发使用政府机关所提供的数据，从而进一步衍生出其潜在的价值而使之成为增值数据。政府数据开放和数据交易可以打破行业数据壁垒，促进数据资源的流通、整合，吸引开发者将数据资源视为一种原料，并发展新的产品或服务，从而实现数据的增值应用。通过数据交易的方式让各产业更加全面地挖掘数据，从而提升数据资产的增值利用。

数据资源的交易流通必然会促进各行各业对大数据的应用，加速传统行业数据化转型升级，推动数字经济的商业模式，释放大数据真正的价值内涵。

完善大数据产业生态系统。市场经济的发展既需要需求侧，也需要供给侧，寻求供需间最佳的平衡点才是结构性调整的重点。[一]创新是引领大数据发展的第一动力，数据交易解决了数据市场供需间的平衡问题，在数据交易层不断创新产品和服务的过程中，也不断衍生出新的产业生态，而新的产业生态又会进行新一轮的分解与重构，从而维持整个大数据产业生态系统的平衡，实现大数据产业的可持续发展。以数据交易为核心产业将加速创新创业的发展，数据已经是重要的生产资料，数据流通与交易瓶颈被打破，将为大数据产业的深度应用创造条件。围绕着大数据产业链，可形成面向全社会、低门槛、可持续的创新、创业发展模式，培育出千万个"中国数商"。

数据开放与交易为数据应用型企业提供了发展良机，将极大促进数据价值释放，掀起新一轮"大众创业、万众创新"的浪潮。然而，大数据的发展仍面临着政府数据开放程度不高、数据流通交易不畅、数据交易群集效应不明显、数据创新创业者无"数"可用等诸多挑战。政府应积极通过购买数据产品和服务的方式，带头成为数据的消费者，充分利用大数据创新创业的成果，在有效提升政府治理能力和服务水平的同时，促进"数商"生态建设

[一]　陈耿宣，《创新创业发展的供给侧思路》，贵阳网。

和大数据产业发展。大规模的创新创业将不断完善大数据产业链生态系统，提高数据增值利用能力，推动大数据产业的发展。

（二）数据交易的核心层、外围层和衍生层

随着数据交易市场的兴起，以及大数据技术和产业高速发展，大数据产业价值链也不断地被分解、融合与重构，创新业态的变化更加迅速、频繁，新业态的诞生周期缩短，影响也越来越深刻，大数据流通交易是大数据产业发展的关键环节，围绕其数据交易层衍生出了各种新业态，包含了其核心层、外围层和衍生层等三个相互联系、相互依存的复杂价值系统。数据交易所催生的创新业态将成为大数据产业发展最主要的原动力，完善大数据产业生态系统，实现对数据价值的深度挖掘。

核心层业态创新。在大数据交易的产业链上，聚集着数据的提供方、数据交易平台、数据的需求方，而数据交易也更多地通过网络平台来进行。这就需要搭建一个用于线上交易的数据交易平台，通过制定数据交易的流程和规则，并对数据标准、交易类型、定价机制、交易安全等问题进行研究和规范。尤其是考虑到大数据规模庞大、规格众多，通常难以便捷地实现数据的直接转移，这就要通过安全、开放的统一 API，为大数据商品交互提供技术支撑。探索并建立大数据交易机构，不仅能为数据交易提供平台和帮助，而且能极大促进数据标准的统一性、规范的权威性、交易的安全性和公平性。

2015年开始，中国已经有地方政府相继试水大数据应用并建

立交易市场，众多企业也在积极投资布局。随着国家政策的不断引导和扶持，全国各地相继成立了大数据交易所，各个数据交易平台网站也陆续上线，包括贵阳大数据交易所、长江大数据交易中心、上海数据交易中心、武汉东湖大数据交易中心等。此外，北京数海科技、数据堂、TalkingData、中关村大数据产业联盟等企业和产业联盟在数据交易流通方面也走在了行业前列。可以预见，随着各国抢抓战略布局，不断加大扶持力度，加之资本的青睐，全球大数据市场规模将保持高速增长态势，未来的大数据交易平台将在大数据产业发展中扮演着重要的角色。

外围层业态创新。随着数据商品化的发展，大数据的发展必将遵循数据价值化—价值资产化—资产资本化—资本证券化规律演进。此过程中，把数据商品发展成为若干类型的金融产品，再进行交易的新业态将会大规模诞生，如数据评估、数据确权、数据定价、数据处理，以及数据保险等一系列外围层新业态。以市场为导向的基于数据资产登记、产权交易、期权投资等金融产品将被创新研发。

数据处理。非结构化数据的处理需要各种技术和专业手段，不是每个企业都能够独自拥有所有的技术和专业人才。为了满足用户对数据质量的要求，需要引入社会上各类专业数据服务商，建立数据协作、数据分包、数据代工等各种机制，建立数据录入、处理、结构化、清洗、组配的产业链。此外，未来数据脱敏、分析、建模、可视化等形式的专业化服务业态需求量巨大，相关的大数据公司也将会大规模产生，从而产生大量的就业岗位。专业性强、分工更细的产业会使大数据交易市场的发展发生根本性转变，为大数据产业发展提供新的活力。

数据资产评估。通过鉴定数据资产内涵，构建数据价值评估体系，提供数据资产的登记确权、整合、盘点、评估等新业务，也可为企业提供数据资产的抵押贷款、证券化等服务，进而推动了大数据交易向标准化、证券化等方向发展。数据资产评估是数据交易闭环中非常重要的环节，解决了交易中数据确权与估值等问题，推动了大数据交易产业的发展，让数据资产加快流动并得到高效配置。

衍生层业态创新。数据交易的产业链上聚集着数据开发方和数据投资方等，在数据管理、数据运营、数据应用开发等关键环节形成了产业合力。随着数据交易市场日趋活跃，数据的开发者能最大化挖掘数据资产的应用价值，数据投资者得到了更多把数据资产包装成金融产品的机会，数据运营能有效盘活数据资产，实现数据的增值利用。随着虚拟经济的发展，促使基于数据资产的保护、定价、交易、投资、保险、信托等衍生层产业应运而生，为大数据市场提供新的活力。比如，数据保险、数据信托、数据银行、数据投行、数据结算等新业态。

数据银行。数据银行与数据交易型平台都为数据资源规模化流通提供了通道，但是两者具有很重要的区别。数据交易平台更注重数据的买卖交易，以追求规模化为主要目标，属于商品集散的概念。而数据银行则在追求数据资源流通规模化的同时，更加注重对数据价值的深层挖掘，其核心能力是让数据资源能够深度

"嵌入"到特定领域的价值链条中，实现对数据资产改造、组合和融通的目的。

数据投行。数据投行的出现是为需要盘活数据资产的政府、国有企业和需要优质数据资产及其他创新创业服务的创业者、企业和机构提供服务，对接各方资源，最大程度发挥数据资产的价值。数据投行服务能引导数据流、服务流和资金流，实现有效配置、自我循环及价值创造。从供给侧入手，合理配置数据资源，可有效破除双创企业对数据资源需求难的痛点，帮助政府机构和国有企业有效盘活和利用数据资产。

（三）数据交易平台的模式创新

数据需要流通起来才能产生价值，作为数据流通载体的数据交易平台应运而生。数据交易平台[⊖]是指第三方平台提供商为数据所有者和需求者提供数据交换、交易的服务平台。目前，数据交易平台采用数据产品交易、数据交易中介和数据分析结果交易等三种交易模式，最终数据服务方采用 API 或离线数据等方式将供交易的数据提供给数据需求方。随着数据商品化的不断发展，大数据交易以商品化或产品化的模式将是未来大数据产业发展的重点。因此，数据交易平台的模式创新关系着大数据产业的发展。

数据产品交易模式。以数据堂为主的该类数据交易模式，根据数据需求方的定制要求，利用网络爬虫、众包等合法方式收集

⊖　佚名，《基于大数据产业链的新型商业模式》，36大数据网。

相应数据，并经整理、校对和打包等处理后出售。或者是与其他数据拥有者合作，通过数据整合、清洗、脱敏后，形成数据产品出售。该类型平台完全采取市场化运营模式，对于数据提供方和需求方而言，门槛低，更能调动数据交易双方的积极性，有利于汇聚各类数据并对其开发利用。数据定制是以市场需求为导向，让数据采集和交易更具针对性，提高数据使用的效益。但是，爬虫或众包方式都不易从互联网上获取核心高价值的数据，这在一定程度上影响了平台的发展。

数据堂成立于2011年，是国内首家互联网综合数据交易和服务公司，主要从事互联网基础数据的交易和服务，建有交易平台，其核心业务是数据定制、数据商城、移动应用数据服务。随着各地大数据交易所纷纷建立，数据交易方出于对大数据交易所的权威和公信力等因素，可能会选择将数据在大数据交易所进行交易，这给数据堂带来了很大的竞争压力。

数据交易中介模式。以中关村数海大数据交易平台为主的该类交易模式，提供开放的第三方数据网上商城作为交易渠道，按照数据量或调用次数进行收费。该类交易模式完全市场化，可以提高企业提供和购买数据的积极性，促进数据供需双方进行公平交易，并具有产业联盟促进大数据交易生态形成的优势。但是，在大数据交易市场不成熟的情况下，企业出售、购买数据的意识不强，通过平台发布的往往并不是市场中真正需求的数据，平台尚未建立起有利于企业提供高价值数据持续供应的有效机制。

2014年2月，中关村数海大数据交易平台由中关村大数据交易产业联盟发起成立。平台在确保合理、合规的基础上盘活数据资产，为政府机构、企业甚至个人提供数据交易和数据应用服务。平台属于开放的第三方数据网上商城，其本身不存储和分析数据，仅对数据进行必要的脱敏、清洗、审核等处理，通过 API 接口途径为用户提供出售和购买数据服务。

数据分析结果交易模式。以贵阳大数据交易所、长江大数据交易所等为主的交易模式，该类平台除了可以提供数据交易外，还为需求方提供数据的清洗、建模、分析、可视化等增值服务。平台交易的是数据分析结果而不是原始数据，这也暂时规避了数据隐私保护、数据所有权等问题，有利于活跃大数据交易市场，但是该类交易模式一定程度上限制了对数据潜在价值的挖掘。大数据交易所属于技术创新型企业，能够自如地利用平台优势对数据进行处理和交易。

2015年4月，全国首家大数据交易所——贵阳大数据交易所，正式挂牌运营并完成了首批大数据交易。交易所规定不对基础数据进行交易，而是根据数据需求方要求，经过数据清洗、建模、分析、可视化等操作后，出售形成的处理结果。交易所实行会员制要求，数据提供方、需求方都需成为会员才能进行交易，这一定程度上保证了数据的质量和使用安全。截至2016年4月，员数已达到300余家，接入的数据源公司100多家，可供交易数据量超过50PB，交易额突破7000万元。贵阳大数据交易所具备权威性和公信力，能吸引更多的数据交易方，汇聚到高价值数据资源。

三、数据交易的区块链解决方案

（一）数据黑市与数据交易风险

在数字经济时代，大数据是一种新的能源。随着大数据产业的高速发展，北京、上海、贵州、武汉等地积极投资布局数据交易平台，数据交易也日渐活跃。但市场受制于数据标准不统一、法律规范不明确等问题，大数据交易市场的有效供给存在严重不足。地下数据交易黑市的规模不断壮大，特别是针对个人信息的非法收集、窃取、贩卖和利用等行为猖獗。在大数据交易市场供需矛盾突出的当下，打破数据壁垒、统一标准、完善数据立法规范已刻不容缓。

个人信息泄露现象泛滥。 进入移动互联网时代，大量的数据每天都在生产和增长，数据的价值也越来越受到重视。与此同时，数据黑市现在正在经历急速成长的过程，而地下犯罪也是越来越猖獗。黑市中提供的最为赚钱的产品就是用户的个人信息，一些专门买卖个人信息的犯罪组织也越来越猖狂，个人数据隐私遭到严重威胁，已经成为当下科技与互联网发展的"副作用"。个人信息遭到泄露问题十分严峻，根据中国互联网协会发布的《2015中国网民权益保护调查报告》显示，78.2%的网民个人身份信息被泄露过，63.4%的网民个人网上活动信息被泄露过，网民因个人信息泄露、垃圾信息、诈骗信息等事件导致总体损失约805亿元。

2016年9月23日，据雅虎披露至少有5亿用户的账户信息被黑客盗取，除了电邮、出生日期等常规个人信息外，用户密保问题的答案，甚至一些个人专门开设的，毫无规律可循的二次加密密码也被窃取。研究结果显示，发生此次大规模用户数据泄露后，造成高达97%的用户会对雅虎产生信任危机。

2016年12月10日，公众号"一本财经"独家报道称，最近黑市上流通着12G疑似京东的数据包，涉及数千万用户的身份证、密码、电话等敏感信息，而地下渠道已经对数据进行明码标价交易，价格从"10万到70万"不等。经京东信息安全部门判断，数据泄露是源于2013年Struts2的安全漏洞问题。

庞大的地下数据"黑链条"。 在大数据和云计算的时代，互联网正在重构整个商业运行模式，买方和卖方的对接越来越依赖于大数据，而不是实体的店面、中介。同时，地下数据交易黑市规模巨大，购买特定人群的数据信息并非难事，甚至形成一条龙式的产业链形态，在这个"黑链条"中，既有数据供给人员，也有促成交易的中间商，而电信诈骗分子通常混迹在买方中。所谓数据黑市[○]，是指法律明确禁止，或虽然法律没说，但在道德的层面上不允许公开的数据交易市场。黑市上交易的个人信息数据，包括姓名、身份证、手机、家庭住址、邮箱，以及个人相关的账号密码、银行卡信息等，在黑市上，这些数据都有明码标价。

目前，尽管我国大数据交易市场发展势头良好、前景广阔，但当前数据市场仍存在数据供求矛盾突出、监管机构缺失、法律

○ 东湖大数据交易中心，《个人信息暴露，数据黑市的"货源"从哪里来？》，搜狐网。

滞后等问题。掌握着数据资源的机构或部门"不愿、不敢、不会"
提供数据，导致以国有数据资源和公共数据资源为主的大量高价
值数据像冰块一样无法自由流通，数据孤岛、数据垄断现象依然
严重。"不愿"，是觉得自己手中拥有的数据资产很重要，需掌握
在自己手上；"不敢"，是因为没有相关的标准体系和法律规范的
支撑，担心数据安全；"不会"，是受制于大数据相关技术短板。
这导致大量高价值的数据资源未被激活和流通起来，大数据交易
市场有效供给存在严重不足。

　　数据交易风险。由于数据商品有别于其他传统商品的交易，数
据交易过程中必然存在很多风险。第一，由于交易数据主要以电子
数据为主，其数据存储的方式决定了数据交易具有较强的隐蔽性。
在数据交易的过程中，数据交易方无须任何登记或备案即可完成，
交易过程也可以完全不涉及实物交易。数据交易的隐蔽性导致了非
法窃取的数据，可以在不被察觉的情况下进行销赃。即使是通过合
法、正规平台的数据交易，外界也很难知悉数据转移的过程及方法。
第二，数据是一种可反复交易的数字商品，在数据交易的过程中，
通常会有多个主体参与交易的过程，存在数据被第三方复制、留存、
转卖等风险，数据资产权益无法得到保障。

　　此外，数据的权益保护难度远甚于对传统数字产品的保护，
造成交易过程中数据主体权益受到侵害。首先，数据很容易被分
割和复制，导致不同颗粒度的数据集可能具有利用价值。其次，
数据可以通过网络传播，从一种格式转变为另一个格式，数据知
识的提取或与内部数据的聚合而产生的价值往往高于数据本身。

最后，由于数据本身具有低价值密度的特点，不仅在技术上达不到对跨系统、跨形态的数据集的追踪，在经济成本、系统安全上也让人无法接受。因此，当下的交易环境亟待不断创新大数据交易技术、模式和机制，突破大数据交易风险难点，为大数据交易市场可持续性、规模化发展提供活力和保障。

（二）数据交易的区块链化

现阶段，数据交易中的风险问题仍无法得到有效突破，严重阻碍了大数据产业的发展。区块链[⊖]类似一个公共信息记录本，具有去中心化、开放性、自治性、信息不可篡改，以及匿名性等五大特征。这些特性使得区块链应用在数据交易领域内具备减少对中心节点的不信任、让数据资产流通更加透明化等独特优势。通过区块链技术搭建一个点对点的、去中心化的大数据交易平台，能够安全透明地、不被篡改地记录交易数据，有效解决了数据交易过程中对数据资产权属保护、可溯源性和数据安全等问题。

区块链可实现全网认可的、透明的、可追溯的数据交易记录。大数据的流通对政府、企业、个人、社会无疑都是有利的，但数据流通的内容和范围如果得不到有效规范，则可能会危害到国家安全、商业秘密、个人隐私等。同时，在单个数据集安全的情况下，通过对多个数据集的整合、关联分析后，也有可能会追溯到源头，还原敏感数据，造成隐私泄露风险。凭借区块链不可篡改、多方

⊖　佚名，《区块链，让价值交易更方便快捷》，《人民日报》。

参与和可追溯等特性，能很好地应用到数据交易模式中。通过区块链技术的"加戳"和"加密"两种方式解决当前数据交易中存在的问题，一方面运用区块链对数据资产进行注册，明确其来源、所有权、使用权等，形成全网认可的、透明的、可追溯的数据交易记录，另一方面区块链技术可登记数据被使用的次数，使得数据真正实现资产化，让数据资产永远带着原作者的"烙印"，即使数据在经过无数次复制、转载和传播，依然能明确到数据的生产者和拥有者。此外，数据的接收者若对数据本身或交易过程有任何疑问，还可查询和追溯相关的记录。

区块链可实现交易数据的加密和选择性共享。数据交易过程中存在数据伪造、数据虚假、数据泄露等风险，不仅严重损害了数据使用者及消费者权益，还容易导致数据交易可信度的降低，扰乱大数据交易市场的正常秩序。区块链技术可以通过对交易的数据进行多重加密来保障数据安全，使用数字签名技术对交易数据进行加密后，并将其放置在区块链上，只有获得授权的人员才能访问加密的交易数据，这为数据交易的隐私保护提供了解决方案。如果数据需要在所有节点中共享，每个节点就将有一份加密的数据副本，只有使用对应的私钥才能进行解密，这种方式既可以保护数据的私密性又能将数据安全地进行共享。

区块链保护数据交易双方的合法权益。数据交易中的数据所有权存在较大争议，数据权利主体是数据生产者（个人、企业、政府）还是数据持有者（企业、政府）存在模糊地带，而且数据非常容易通过网络进行复制，使得要真正实现数据权属的保护是很困难的。利用区块链技术对数据资产进行注册，一方面能够防止数据中介拷贝数据的威胁，更有利建立起可信任的交易环境，从而保障了数据相关利益者的合法权利，另一方面区块链提供了可追溯途径，能有效破解数据确权的难题。通过区块链网络中多个来参与数据的计算和记录，并且节点间互相验证信息的有效性，既可以进行信息防伪，也提供了可追溯途径。区块链把每个区块的交易信息连接起来，形成了完整、透明的交易明细清单，可方便地追溯历史交易记录。

区块链可实现数据智能化交易。目前，数据交易仍需要人工参与进行交易支付的清算和结算。区块链可以简化大量烦琐的数据交易服务流程，实现交易全过程自动化。区块链中的智能合约是一个运行在分布式共享账本上的可编程脚本代码，它可以把许多复杂的数据衍生品合约条款写入计算机程序，当满足合约条款中的行为发生时，智能合约将自动触发接收、存储和发送价值等后续行动，实现数据交易的智能化。

（三）区块链实现数据交易市场模式创新

国内数据交易处于初期的探索阶段，部分大数据交易平台制定了数据流通规则，对交易主体、交易平台、交易对象进行规范，针对数据交易共性敏感问题，仍缺乏全面、权威、有公信力的解决方案。在现有的中心化系统结构下，数据交易存在成本、管理、安全性等方面的问题，对数据安全共享交易形成了巨大挑战。基于区块链技术，采用去中心化系统架构构建的大数据交易平台，针对现有问题形成有效突破，实现了基于数据交易市场中数据资产登记、保全、投资等创新模式，为数据交易安全可靠的发展提供了坚实保障。

数据资产登记。数据资产进行登记时，在材料审核通过之后，进入技术认证阶段。为确保数据资产的安全，所有数据资产登记过程中都会使用非对称加密算法进行加密和解密。使用公钥对数据进行加密，让数据通过一套公用验证算法验证使用，而区块链中节点的身份信息以私钥形式存在，杜绝了非授权节点私自使用和篡改数据的可能。认证信息写入相应认证区块链账本系统内，以此为数据资产在金融市场上的流通提供堆叠映射保障。有利于形成具有公信力的数据资产确权登记平台，解决交易确认、记账对账和投资清算中的各种问题，促进数据资产在发行、流通、结算等各个环节的规范化，建立健全数据投资机制，保证大数据市场稳定、健康发展。

数据资产保全。大数据已被认为是一种新的能源，蕴含着巨大的价值，数据资产保全是为维护数据资产的完整，防止资产流失，利用合法、有效、规范的管理手段对企业或个人现有权益中的数据资产进行价值保值或增值。数据资产登记完成后，需要把数据资产存放在安全、可靠的位置。这其中可采用区块链双认证及双钥认证技术，在用户节点身份验证后，生成一个具有唯一性的时间戳。每一步操作都将以不可逆的日志形成记录在数据资产投资区块链账本系统上，同时可以防止伪操作进行记录的非授权行为，保证生成公开、透明且唯一的电子合同，并自动记账。

数据资产投资。数据资产投资即把数据资产对外公开售卖。在数据资产投资过程中，将区块链技术应用到各个环节，在业务上形成登记区块链、评估区块链、保全区块链、数据资产投资区块链四大链条，初步形成区块链绳网。在绳网的各链条衔接环节，将以区块链双密钥公开验证技术加 CA 技术双认证互锁方式嵌入其中，使区块链中的高效率运作和管理监督机制完美融合，形成跨行业、跨平台和跨链条的互认互信体系。基于区块链的数据投行，对存量数据进行筛选、重组、登记、确权、评估后，形成数据资产包，并以其使用权供全国数据金融投资市场内的创新型企业使用。根据创新型企业的规模、使用的数据量、使用时间的长短来获取创新型企业股权，一方面盘活社会存量数据资产，加快经济转型升级，另一方面解决创新创业企业在发展初期数据资源不足的问题，激发双创活力。

基于区块链的大数据交易平台。基于区块链的数据交易平台，具有去中心化系统架构和透明可监管的优势，可实现交易数据自由发布、灵活交付、自主发现，交易过程真正达到安全可控、全面监管的局面。同时，区块链数据交易平台可以让所有机构公平参与，保证在平台上的所有操作变为透明和可监督，成为随时可监督的服务者，每个参与者也可自成中心，让原来的强中心变成弱中心，真正实现数据供需双方需求的有效对接。基于区块链的数据交易流程是数据供需双方在依托区块链设施的基础上，凭借大数据市场监管方颁发的可信证书，加入大数据交易联盟网络。数据的提供方把交易数据的描述信息发布到区块链网络上，数据的需求方可随时从区块链上获取相关的描述信息，随后选择想要购买的数据，并把数据权限请求指令发布到区块链上。

第八编　数据铁笼

2015年2月，李克强总理在贵州考察北京·贵阳大数据应用展示中心，在详细了解贵阳利用执法记录仪和大数据云平台监督执法权力情况后，评价道："把执法权力关进'数据铁笼'，让失信市场行为无处遁形，权力运行处处留痕，为政府决策提供第一手科学依据，实现'人在干、云在算'"。自2015年以来，贵阳市依托大数据产业发展优势，选择行政权力相对集中、工作内容与群众生活息息相关，网络技术运用有一定基础的单位，启动"数据铁笼"计划。

"数据铁笼"是以权力运行和权力制约的信息化、数据化、自流程化和融合化为核心的自组织系统工程，通过优化、细化和固化权力运行流程，确保权力不缺位、不越位、不错位，实现反腐工作从事后惩罚转变为事前免疫。在本质上，"数据铁笼"强调以大数据技术为基础，实现权力流程数据化、权力数据融合化和权力数据监察化，通过全程采集并记录行政行为数据，全面监控行政执法过程风险，精编天网之"经"，密织天网之"纬"，塑造天网之"魂"。

"数据铁笼"的广泛应用使数据反腐成为政府反腐治理的新趋势和新模式，通过数据可以实现科学的技术反腐，将权力牢牢关进制度的笼子里，实现反腐治理中从"不敢腐"到"不能腐"的飞跃。

一、数据治理与数据铁笼

（一）权力数据化

"政府之所以为政府，不是因为政府这个名称本身，而是因为与之密不可分的权力的行使与运用。"在上万年的人类社会中，权力机构一直扮演着政治生活的核心角色，权力拥有者能够凭借自身的意愿改变政治形态及创建社会规则。大数据时代的来临，随之会产生大数据时代的新型权力观，这将改变传统公权力的运行方式，权力伴随数据转移而转移，人类权力关系的本质将再次进行重构。

对于政府来说，运用数据的特征重塑政府自身模式，进行行政流程再造，核心是用数据对政府组织模式进行再造，用数据优化权力运行流程，需要树立新的大数据时代的权力观。大数据时代的权力观有两个方面的内涵，一是将所有治理领域的公权都数据化，所有数据化的公权都必须为公众所享有。特别是涉及公众利益的领域，需要实行基于数据化的公共治理，其治理模式、决策过程、审批流程等都将变得清晰透明。公民不仅能够清晰了解公共财政的预算和使用、公共资源交易的进行、公共项目的招标和建设，还能查看权力运行机关的权力清单和运行过程。二是数据分权与制衡成为新常态。权力分散化、权力开放化、权力共享化成为其主要特征。通过权力数据化，划清各自的权力边界，使权力分散在不同部门、不同岗位，继而削弱过于集中的权力。由于权力的数据化，权力被处处留痕，被数据控制，权力的腐败将从根本上被遏制。

权力数据化，核心是将数据作为思考问题的出发点和落脚点，从顶层设计入手，统一数据标准，提供数据接口，借助新的技术手段，不断提升数据的结构化水平和数据汇聚程度，通过数据治理四个阶段使数据治理流程自动化和智能化，实现"人在干、云在算、天在看"。

信息化。通过无纸化、网络化、虚拟化的新方式，借助互联网、云计算和大数据等新兴技术，让政务服务全过程都能够在内外网上流转起来，实现政务流程信息化。数据治理中的信息化不同于以往的电子政务工程，更不是简单地将政府行政过程由物理空间转移到网络空间，而是为政务流程中的数据再造提供基础和平台。因此，从一开始就要高度关注数据的来源、安全、汇集等问题，预先做出技术和制度安排，为下一阶段工作打好基础。

数据化。数据的价值不在于数据有多大，而在于其关联度有多高。数据治理强调提高数据结构化水平并通过数据留痕记录权力运行过程，找到数据之间的关联，增加透明度。要在信息化基础上进一步实现数据留痕、数据汇集、数据关联、数据分析和数据智能，推动政府的智能化、开放化和公共服务的推送化、个性化。

自流程化。政府数据治理能力强弱的标准，在于数据的自流程化管理。面对海量的结构化和非结构化数据，已经无法单纯靠人去分析、去研判。这时，就是要实现计算机对数据的自动流程化管理。计算机经过对人的身份、行为、思维等数据进行关联分析，以自动化、可视化的方式展现处理全过程，从而实现自动循环、自动检索、自动预警，进而约束人的行为。自流程化是大数据应用的核心，也是其有别于信息化的根本区别所在。

融合化。融合化的特征在于跨界、共享与融合。利用开放共享理念提升政府治理能力的关键，就是要倒逼和打破数据孤岛，一方面引进外部数据，实现外部数据与内部数据相互融合，从而产生新的激活数据；另一方面，建立跨层级、跨区域、跨行业、跨部门数据共享机制，形成数据群岛，最终实现政府和社会的数据相互流通共享、流畅运用和跨界融合。

（二）数据反腐

党的十八届四中全会通过的《中共中央关于全面推进依法治国若干重大问题的决定》强调，"加快推进反腐败国家立法，完善惩治和预防腐败体系，形成不敢腐、不能腐、不想腐的有效机制，坚决遏制和预防腐败现象"。传统的反腐方法主要关注事后惩处，对事前预防缺乏有效手段。在大数据时代，各行各业都在发掘并利用大数据的潜在价值。大数据的研究为腐败防治提供了有益的方法论指导。通过大数据手段，总结出其中有关廉政风险的规律共性，从"预防、控制、惩治"三个层面入手，管好公职人员"人、财、物"三个重点方面，更好地助力廉政风险防控，建立廉洁公正的社会环境，是当今廉政风险防控工作所要面临的新思维、新挑战、新形势。

趋势分析与反腐规律。仅观察一年的数据、一个地区的数据往往发现不出事物发展的规律，随着跨区域、跨年度的数据越来越多，事物就会表现出稳定、关联和秩序的特征。通过对相关数据的不断积累，从腐败案例和数据中就能够发现"腐败的重灾区"。通过总结这些腐败风险较大的环节，就能有重点地进行巡视和督查，进而提高反腐工作的效率。另外，反腐工作要治标更要治本，利用大数据分析技术找到腐败规律，在流程上、制度上加以改进创新，实现权力约束从治标走向治本。

弱相关分析与反腐舆情。利用大数据手段分析网络舆情逐渐成为反腐的重要方式。随着互联网的发展以及公众民主意识的提高，越来越多的人通过微博、微信、网站或新闻客户端等网络方式来表达对腐败的观点，这种表达是网民思想情绪和利益诉求的集中体现。通过对互联网中反腐倡廉消息的搜集，利用语义、关键词等分析技术，及时掌握公众对腐败事件的态度，就能够及时、有效地回应社会关注热点。同时，利用大数据分析预测技术来分析网络热点、传播路径以及传播方式，就能够对类似事件提前预测并采取措施，避免事态的进一步恶化。

强相关分析与腐败调查。运用大数据预测腐败发生的各种可能，为预先阻隔腐败提供了机会。应用大数据技术对各种网络途径公布的关于公职人员的各种"评价"信息进行整理，结合公职人员及其亲属的财产、房产等方面的数据，以及工作过程中涉及的权力运行数据，就能够及时准确地判断公职人员的腐败情况。在科技发达的今天，数据的采集、存储以及分析都变得不再困难，通过对互联网、移动终端以及智能设备的数据进行收集，完全能够在发现腐败和调查腐败方面为反腐助力。

等级划分与腐败预警。基于数据的反腐倡廉，其目的在于"惩前毖后，治病救人"，能够有效地保护领导干部。通过数据技术，建立数据反腐倡廉预警模型，依照官员指数评价严重程度，分为一般、轻度、较重和严重四个等级，实行分层管理。依照腐败程度的不同加以区分对待，一般级官员，及时提醒和批评教育；轻度级官员，诫勉谈话，防止其继续走向深渊；重度级官员，采取措施并加以警告，督查其悬崖勒马；严重级官员，精准打击，挽回损失，维护党和政府形象。运用创新思维与技术，让定性反腐走向定量反腐，通过一套能够量化的标准，来实现制度反腐、数据反腐。

数据反腐正成为互联网时代反腐倡廉的新趋势，与传统反腐方式相比，具有鲜明的特色。数据反腐是新技术、新模式、新媒体运用到反腐倡廉中的一项创新，是实现预防监督、科学决策的有益探索。

（三）数据铁笼的本质和构架

自社会产生之后，权力作为支配社会的一种力量渐渐被重视。人们试图控制权力使其对社会起到积极的作用，这种控制不仅需要伦理和道德的制约，还需要社会和公众的监督，更需要法律和制度的规制。实现权力制约是迄今为止各国政府都在研究的问题。制度不仅是人们必须遵守的规程和准则，还是强化权力运行机制和监督体系的根本举措。制度需要用科技的手段使权力转化成为数据并自动汇聚，构筑"制度＋数据"的权力运行"防火墙"，让权力运行监管制度落地，实现全天候、全方位的权力监督。"数据铁笼"工程正是基于此理念的地方实践。"数据铁笼"是以权力运行和权力制约的信息化、数据化、自流程化和融合化为核心的自组织系统工程，回答并解决好"问题在哪里、数据在哪里、办法在哪里"是建构"数据铁笼"的重中之重。"数据铁笼"的运行优化、细化和固化了权力的运行流程，确保权力不缺位、不越位、不错位，实现反腐工作从事后惩戒、事中防治到事前免疫的转变。在本质上，"数据铁笼"强调以大数据技术为基础，实现权力流程数据化、权力数据融合化和权力数据监察化，通过全程采集记录行政行为数据，全面监控行政执法过程风险。

"数据铁笼"整体架构是对权力运行和制约的体系化、普遍化的解决方案，是对权力制约复杂形态的一种共性的体系抽象。"数据铁笼"是以需求为导向的权力制约体系，梳理政府负面清单、权力清单和责任清单，推动行政管理流程再造，改进政府管理和公共治理方式，促进政府简政放权、依法行政。

一是建立一个权力运行和权力制约的体系。这个体系的构建要以党的建设为核心，包括基础设施、城市建设、经济运行、市场监管、社会治理、民生服务、党的建设在内的七个领域。每个领域独自建立成为一个既独立又联系的模块，每个模块建立一个基础数据平台，使模块之间的数据能够相互交流和共享，达到对内相对独立运行，对外可进行数据融合共享的目的。

二是制定数据图层标准和数据代码标准。"数据铁笼"的重要条件是权力数据化，而权力数据化的基础是数据标准化。"数据铁笼"使用的是多维数据，由多个数据图层组成，属于空间数据的一种。将数据图层标准化便于数据的查找和使用，能大大加快数据筛选、存储、分析的效率。代码是由字符、符号或信号码元以离散形式表示信息的明确规则体系，将数据代码标准化有利于数据的采集和管理。

三是解决"问题在哪里、数据在哪里、办法在哪里"的问题。"数据铁笼"的目的是用科技的手段实现优化的治理模式，这就需要抓住上面三个核心问题，才能起到对症下药的作用。"问题在哪里"即要全面梳理难点、痛点、风险点，找准要解决问题的本质；"数据在哪里"即要全面挖掘数据资源，突破"数据孤岛"效应，强化数据关联分析；"办法在哪里"即要提出权力风险预警预测、控制和解决方案。

四是抓好重大决策风险预警控制系统、行政审批风险预警控制系统、行政执法风险预警控制系统和党风廉政风险预警控制系统。"数据铁笼"运行的关键是对权力运行进行风险预警和控制，而权力的风险点大部分集中在重大决策、行政审批、行政执法和党风廉政四个方面。只有有效地控制住这四个关键点，"数据铁笼"才能真正地发挥作用。

五是推进"一图、一卡、一机、一库、一平台"的融合支撑体系建设。"一图"即统一以一张空间图作为基础构建重大决策、行政审批、行政执法、党风廉政大数据分析应用；"一卡"即身份数据识别，将使用一卡为主、多卡融合的管理模式；"一机"即用智能终端作为载体；"一库"即构建统一的共享交换数据库；"一平台"即基础设施、城市建设、经济运行、市场监管、社会治理、民生服务、党的建设七大模块统一建立"数据铁笼"可视化分析平台。

二、数据铁笼的建设模式

"数据铁笼"工程采用开放共享、规范透明、跨界融合、持续改造、精准控制以及多元治理的建设模式。"数据铁笼"是将大数据作为基础，实现权力流程数据化、权力数据融合化和权力数据监察化的新技术、新服务和新范式。它不仅是一项全面的创新实验，更是一项数据驱动型的创新改革，是包括理念创新、科技创新、管理创新、服务创新、模式创新和制度创新在内的全面创新。

（一）开放共享的治理理念

在国务院印发的《促进大数据发展行动纲要》中提出三大任

务：加快政府数据的开放共享，推动资源整合，提升治理能力；推动产业创新发展，培育新兴业态，助力经济转型；强化安全保障，提高管理水平，促进健康发展。其中，政府数据的开放共享在三大任务中排在首位，是推动产业创新发展和强化安全保障的基础，更是大数据竞争战略的核心。政府数据开放共享是指政府向公众公开或开放自己所拥有的数据，使其他组织机构和公众个人可以基于任何正当理由和使用尽可能简便的方法来获取以上数据，便于实现不同层次、不同部门之间的数据交流共用。数据通过开放来创造新机遇，通过共享来创造新价值。开放共享要通过加强顶层设计和统筹协调来实现，而可公开、可复用、可问责是开放共享的重中之重。

数据开放共享不仅能创造新的政府治理技术环境，还能提供新的思维模式。由于互联网的普及，形成了海量的数据并以惊人的速度持续增长，而传统的分析方式已无法满足现在的需求。通过大数据技术实现对海量数据的分析，而开放共享的理念能够加强对关联事物的判断和提高政府决策的精准性，进一步推动政府治理能力的提升，这是传统治理理念无法实现的。开放共享的治理理念不但创造新的技术环境，还提供新的思维模式。

实现开放共享就要不断创新体制机制，突破原有治理平台来构建跨部门的政府数据统一共享平台，明确各部门数据共享的范围边界和使用方式，在平台上实现内外数据的交流开放。在此基础上，通过不断完善开放共享的方式方法，推动政府重要领域和民生保障相关领域数据集向社会开放。开展政府与社会合作开发利用大数据，打通政府、企事业单位之间的数据壁垒，加快政府数据资源融合和关联应用，为"数据铁笼"工程建设提供体制机制和政策保障。

（二）规范透明的权力体系

在十八届三中全会通过的《中共中央关于全面深化改革若干重大问题的决定》中首次提出了权力运行体系，在十八届四中全会中，提到"加强党内监督、人大监督、民主监督、行政监督、司法监督、审计监督、社会监督、舆论监督制度建设，努力形成科学有效的权力运行制约和监督体系，增强监督合力和实效"。党中央对于权力运行体系的监管工作持续加大，也使权力运行体系的范围更加明确。

"数据铁笼"的核心是全面从严治党，包括了科学确权、依法授权、廉洁用权、精准管权、多元督权的全过程。在这个体系中，通过建立一个基础数据平台，对内进行权力监管并相对独立运行，对外进行数据融合、交换和关联分析。"数据铁笼"通过权力清单、负面清单和责任清单来规范权力职责和监管范围。权力清单明确政府该做什么，保障"法无授权不可为"；负面清单明确政府不该干什么，实现"法无禁止皆可为"；责任清单明确政府怎么管理市场，做到"法定责任必须为"。通过"三清单"来巩固权力制约体系，细化和落实权力制约的框架和内容。

"数据铁笼"使权力运行流程规范透明，通过权力数据化和自流程化，实时动态监督权力的运行，使每一项权力运行过程都变得可量化、可分析、可防控。权力数据化就是通过数据留痕的方式对权力运行进行全程记录，并找到数据之间的关联性，用数据的方式让权力运行规范、透明。

（三）跨界融合的平台支撑

跨界融合数据平台是"数据铁笼"的基础和载体，是实现政府治理的重要支撑。跨界融合数据平台的建设应超前谋划、统一标准、分级管理，利于实现更加科学、完善、有效的政府治理。跨界融合数据平台不仅需要各自部门的数据作为支撑，更需要数据的跨界融合。融合跨界的关键是统一平台、统一标准、统一管理，并对跨层级、跨部门、跨行业、跨区域的数据进行汇聚整合。

加快政府数据公开和跨部门共享是跨界融合的基础。重要领域政府数据向社会开放能够促成跨界，重要政府部门信息系统通过统一平台进行数据共享和交换能够形成融合。在此基础上，实现政府人口基础信息库、法人单位信息资源库、自然资源和空间地理基础信息库与各领域各部门信息资源汇聚整合和关联应用，强化跨层级、跨区域、跨行业、跨部门数据比对和关联分析，保证跨界融合的深度。通过跨界融合能依法推动权力运行和权力制约的公开透明，推动行政管理流程优化再造，推动行政管理数据融合和公共数据资源在开放中共享，在共享中提升，在提升中转化，在转化中再造，真正实现"人在干、云在算、天在看"。

（四）持续改进的流程再造

"数据铁笼"通过大数据融合分析实现权力有效监督，运用大数据技术完整记录权力运行的全过程，并通过云平台的数据汇聚和应用功能，编制制约权力的笼子，确保权力在阳光下运行。"数据铁笼"的流程再造是对权力运行流程的再造。权力运行流程是指"三清单一流程"中的"一流程"，通常是按照权力清单逐项绘制而成。权力清单通过"清权、减权、优权"全面理清职权，理清权力边界，从而规范权力类别、权力名称、权力行使主体、权力行使依据、权力运行流程，实现逐层逐级权力运行规范、权力运行流程优化。

"数据铁笼"对权力运行流程的再造是按照"简化程序、减少环节、清单透明、便捷高效"的原则，通过权力数据化，推动改进政府管理和公共治理方式，推动行政管理流程优化再造，推动政府简政放权、依法行政，实现行政决策科学化、商事服务便捷化和民生服务惠普化。其中，简化办理程序是权力运行流程再造的核心。"简化程序、减少环节"是建立简政放权、转变职能的有力推进机制，使所有行政审批事项的程序得以简化，审批的时限得以明确，减少中间不必要的审批、审核环节，提高政府部门的办事效率。"清单透明"即权力清单的透明化，不仅有效压缩了政府工作人员的腐败空间，而且让公众清楚地了解政府部门提供的服务，最大程度地方便了公众，同时也提高了行政效率、降低了行政成本。"便捷高效"是在简化程序、减少环节的基础上，进一步深化"一站式"审批、"一条龙"服务和联合限期审批机制，使政府机构能够充分发挥审管办的牵头作用，搞好服务协调，开展全程跟踪优质服务。

（五）精准有效的风险控制

风险控制是指风险管理者采取各种措施和方法，消灭或减少风险事件发生的各种可能性，或风险控制者减少风险事件发生时造成的损失。体系的管理者需要采取各种措施减小风险事件发生的可能性，或者把可能的损失控制在一定的范围内，以避免在风险事件发生时带来的难以承担的损失。从权力运行机制来看，风险防控的关键是让权力掌控者用好权、管住权。从权力风险控制来看，关键是找风险、可评估、能预警、易处置、会防范。"数据铁笼"框架下的风险控制，更加强化权力轨迹数据的归集、发掘及关联分析，更加强化权力风险预警和处置的数据支持，更加强化风险预测研判和智能防控，从而提高风险控制的精准化和有效化。智能风险防控能够构建分岗查险、分险设防、分权制衡、分级预警、分层追责的防控模式，并进行自动激活、自动预警、自动推送信息，以精准的电脑防控取代人工管理，使权力监督从软约束向刚性监督转变，最终实现数据自流程化。

面对海量的结构化和非结构化数据，已经无法单纯靠人去分析和研判。智能风险防控将数据自流程化，可以大大提升政府治理的效率。现阶段，可以纳入智能风险防控的数据对象主要有以下五类。一是身份数据，即将人和组织进行数据化，建立廉政风险人档案，实现对权力主体身份的自动识别和确认；二是行为数据，把人和组织的各种行为进行数据化，发现与人的身份数据相关的行为轨迹数据，建立权力痕迹全记录和施政行为数据库，进而把握行为规律和行为缘由，进行行为数据的分级预警；三是关联数据，即由身份和行为数据聚合而产生的数据，反映和发现人与事、事与物之间的关联关系，建立权力风险排查机制和廉政风险预警机制；四是思维数据，即上述数据主体的思维化表达和记录数据，以此分析动机、目的和深层次心理反应，实现风险动机识别和风险来源追溯；五是预测数据，尤其是能模拟和预测风险点和薄弱环节的数据，并对数据进行激活，进而提出廉政风险防范解决方案。

（六）多元治理的制度保障

"数据铁笼"科学、有效、持续的发展需要有保障制度作为后盾。构建以多元主体共同参与为导向，形成党委主导、政府统筹、部门负责、社会参与、法制保障的大数据制度保障体系。"数据铁笼"是一项系统工程，除了要做好顶层战略设计，还要用顶层思维保障落实、明确要求、强化责任，确保项目实施进度和质量。它的保障机制有五个方面。

基础平台是"数据铁笼"工程建设的前提与条件，通过基础平台的建设能够确保"数据铁笼"谋划超前、标准统一、管理分级和建设分类。

专家指导是"数据铁笼"的智力保障。通过组建跨学科、跨行业、跨区域的权威性专家委员会，加强专家咨询、政策研究、业务指导和绩效评估，提供可持续的决策咨询和智力支持。

工作创新是"数据铁笼"的发展保障。构建跨部门的政府数据统一共享平台，明确各部门数据共享的范围边界和使用方式，推动政府重要领域和民生保障相关领域数据集向社会开放，加快政府数据资源的融合和关联应用。

安保体系是"数据铁笼"的安全保障。建立大数据安全标准体系和评估体系，健全大数据环境下防攻击、防泄漏、防窃取、防篡改、防非法使用监测预警系统，建立完善的网络安全和信息安全保密防护体系，加快数据立法，建立隐私和个人信息管理等保护机制，加强对数据滥用和侵犯个人隐私等行为的管理与惩戒，提高网络与大数据态势感知能力、事件识别能力、安全防护能力、风险控制能力和应急处置能力。

绩效评估是"数据铁笼"的监管保障。通过注重定向调控，避免重复建设、资金浪费和资源浪费，推动任务考核与工作督查相结合、组织评估与第三方评估相结合、结果评估和过程评估相结合，不断提高工作效率，提升应用效能。

三、数据铁笼的应用场景

从2015年1月开始，为扎紧"制度笼子"，贵阳市就开始尝试依托大数据优势，用"数据"扎"铁笼"，使权力运行全程数据化，切实优化、细化、固化权力运行流程和办理环节，强化权力监督，从而实现权力在阳光下清晰、透明、规范运行。目前，贵阳市"数据铁笼"试点单位已增加至40家，旨在更好地助推简政放权、完善政府监管、提升政府治理能力，并总结试点经验、把握规律，形成可借鉴、可复制、可推广的经验，把"数据铁笼"工程打造成为大数据综合创新试验区的有力支撑和载体。

（一）公安交管局：酒驾治理流程化

公安交警队伍工作与人民群众的生活息息相关，民警的工作态度、方式、行为、效率是为民务实廉洁的最直接表现，为了杜绝门难进、脸难看、话难听、事难办的这些基层服务老大难问题，通过编织权力运行笼子来构筑执法诚信档案，有利于规范公安交警业务办理窗口、业务受理地点警务人员的言行举止，实现真正的"阳光警务"。同时，十八届四中全会以来，执法公开、公平、公正，加强法制队伍建设是公安队伍的发展方向，通过"数据铁笼"的有效监督，可以提高民警的服务理念和法制意识，进一步加强民警工作的纪律性、严谨性，使工作合理化、合法化、效率化，全面提高贵阳市交警队伍的整体法制水平。

公安交警在处理酒驾案件时，存在着权钱交易、权力寻租等风险，有主观的也有客观的，甚至来自上级领导的不正当决定或命令，这些风险在以前主要通过信访等渠道，一般要等出现后果之后才能够发现。贵阳市交管局建立了"数据铁笼"酒驾案件监督系统，降低了不及时送检、不及时立案、不规范办理等执法风险，通过系统的及时发现、预警和推送，使酒驾案件管理更加科学化和系统化。公安交警在交通现场查获违法嫌疑人，让其进行酒精测试，结果上传至酒精测试管理系统。若呼吸测试达到酒驾标准，公安交警应开具执法文书，保存至全国交通管理信息系统，形成最终的罚款、吊销、暂扣等处罚。"数据铁笼"融合平台提取酒精测试数据、执法数据和处罚数据等酒驾相关数据，并对数据进行融合分析，从异常结果中发现执法过程中的违法违规行为。例如，酒精测试管理系统中存在酒驾数据，而交通管理信息系统中却没有文书数据，就可以说明未按照相关规定进行调查处理，酒驾模块对类似的近20种风险进行了防控。

通过对权力清单、责任清单和负面清单的梳理，排查出权力运行过程中存在的风险，"数据铁笼"利用大数据平台建立不同类型的业务数据制约模型，实现权力有效监督。通过大数据平台的融合和分析，使权力运行的制约和监督更加具有针对性和时效性，变人为监督为数据监督、事后监督为过程监督、个体监督为整体监督，对权力运行实行全程、实时、自动监控。"数据铁笼"对存在的风险及时发现、预警和推送，不仅使行政管理更加科学化和系统化，而且使得党风廉政建设和反腐败工作在基层有了更加具体、更加有力的抓手。

（二）道路运输管理局：运输管理精准化

为了实现制定统一的数据技术标准，优化、细化、固化权力运行流程和办理环节，合理、合法地分配各项职责，让权力在"阳光"下运行，置于社会公众的监督之下。贵阳市运管局"数据铁笼"对涉及的出租车、长途客运班线、普通货运、危险品货运、驾驶员培训、旅游大巴等各个子行业，明确管理内容，划清岗位职责，再造权力流程。通过编织权力运行笼子构筑执法诚信档案，提升贵阳市道路运输管理局的管理水平以及一线执法人员在群众心中的阳光形象。

贵阳市运管局"数据铁笼"实现了提升审批效率、规范权力运行以及行业的精准管理。"数据铁笼"大数据平台通过对运政系统车辆及从业人员数据、征信系统数据、车辆电子上岗证系统数据以及北斗定位系统数据的采集，利用大数据平台所建立的电子上岗证、人车绑定、超时运行、电子巡查以及经营权到期等模型对所采集的数据进行融合分析，发现其中的异常，通过手机 APP 直接推送到当事人限时处理，大数据融合平台实现了对细化到个人事务的"自流程"处理。同时，对需要督导的异常行为，及时发送给专管员，由专管员督促企业进行限时整改。按照"全范围覆盖、全过程记录、全数据监督"的应用机制，行政审批超时模块，将人的审批过程"处处留痕"，实现了行政审批、巡查案件办理效率大幅提升；异常办证、异常告警模块，杜绝了不按规范流程办证、办理人情证等行为。

"数据铁笼"深入行业管理构成的每个单元细胞，优化了数据监管的方式。由传统模式下的岗位监管到新模式下的数据监管，找准数据发起点、经过点、结论点这"三点一线"的互动关系，最终形成"数据铁笼"刚性监管网络，迫使权力运行和企业行为均在"数据铁笼"的框架下运行，以企业经营行为的数据反馈，监管岗位数据动态行为再到融合数据结论评判，形成自上而下的配套数据管理机制，最终形成对关键岗位的"观察窗"，守法经营的"扫描仪"。

（三）住房和城乡建设局：招标过程规范化

西方国家经历200多年建立了相对完整的招投标法律制度，我国20年前从西方国家引进这套制度，现在虽然已经初步形成招投标法律框架，其法律制度也基本与国际接轨，但实际操作中仍存在较多问题，相关环节也亟待完善。招投标过程中主要存在着围标和串标的风险。在招标人方面，招标人、招标代理机构一方面可以为特定企业量身定制招标文件，使招投标难以形成充分竞争，另一方面设定模糊评标办法，只有定性评判，没有定量评分标准，以便招标单位灵活操作。在投标企业方面，一些招投标企业相互串通，彼此达成协议，轮流坐庄中标或借用资质进行围标，使招投标流于形式。在评标专家方面，评标专家库按行业和地区分设，客观上评标专家资源有限，评标时间短，加之有些评标专家的主观因素，公正难以实现。

贵阳市住建局"数据铁笼"从自由裁量权量化、流程固化以及创新权力运行方式三个方面着手，为解决上述难题提供了切实可行的解决方案。通过对建筑市场诚信管理系统和执法行为监督系统提取现场管理数据进行分析，不能满足行业管理要求的企业不允许进入招投标系统，并推送各自管理部门进行查处。对于能够满足行业管理要求的企业，招投标系统通过提取公共资源交易中心的招投标数据，整理出招标人、投标人、代理机构、评标专家等从业数据，利用大数据算法对各方主体的异常数据进行计算，将各方主体按风险指数进行排名，分析出中标率高、中标率低以及经常抱团的投标企业，做到提前预警。让围标、串标行为曝光在大数据面前，起到行业规范作用。

"数据铁笼"自运行以来，基于项目风险预警系统和诚信系统的招投标自律风险预警分析平台，通过分析近三年的数据，对中标率高、中标率低和公共参与投标关联度高的多家企业进行了约谈，招投标过程中发现多起项目涉嫌围标或串通投标现象，已由项目所在地建设行政主观部门立案查处。"数据铁笼"用数据划定部门职责边界，明确业务执行轨迹，再造权力运行流程。

（四）信访局：信访管理科学化

信访工作是党群工作的重要组成部分，是党和政府联系群众的桥梁、倾听群众呼声的窗口、了解社情民意的重要途径，是社会治理当中一项极其重要的工作。借助大数据的思维和手段，通过深入整合各部门数据资源，可解决信访治理当中存在的底数不清、情况不明、针对性不强、效率不优等问题，实现实时化掌握动态信息、数据化分析存在问题、网络化处理矛盾纠纷，提升信访工作的精准性、便利性和高效性。

贵阳市信访局将"数据铁笼"纳入"数据信访"项目同步建设，以"信访事项、办事人员、研判预警"为核心建设大数据信访网络平台，实现了标准办案、智能追责、指挥调度和风险预警。标准办案，即建立案件流程控制轴，设定每个阶段的时间节点，根据信访件办理进度自动给相关人员发出系统消息提醒和短信提醒，实现办理流程标准化，同时基于数据库系统参照有关案例和标准，实现办理制度标准化。智能追责，即通过网络平台的流程控制和痕迹管理，实现对信访办理过程的督责和信访办理结果的问责，利用科技手段督促责任落实，倒逼问题解决。指挥调度，即针对群体性聚集上访和行为过激的缠访、闹访等情况，设定调度指令定责级别，按照规模人数或过激行为程度给地方信访部门工作人员、分管局长、局长、分管县级领导，直至主要领导发送现场照片及预警消息。同时，工作人员到达现场后，通过APP签到、反馈照片和视频，系统进行采集分析，并将结果直接发送给相关领导，从而实现日常和敏感时期的快速、精准调度。对于未到达现场处理的情况，则启用问责系统。风险预警，即通过对信访形势研判，智能分析各地各部门信访工作和各时期热点、难点问题，预警规避风险，并监测、分析信访系统中的人和事，对工作纪律、任务执行等进行预警提示。

"数据铁笼"一方面可规范信访工作，对信访业务子系统进行全方位监控，实现智能化的预警。另一方面可对存在长期办结率低、拖延超期不办、办理质量不高以及满意度低等问题的责任单位进行警告或通报，并对信访工作人员以及责任单位进行综合考评。可以说，贵阳市信访局借助大数据信访网络平台，为人民群众提供便捷高效的服务，同时通过综合融合分析信访形势，为党委政府正确决策提供依据。

（五）纪委监察局：纪委监督数据化

目前，包括纪检监察干部在内的党内各级领导干部违规违纪现象依然禁而不绝，其根源是在实际工作中"不作为、乱作为"。为解决这一痛点，贵阳市纪委监察局"数据铁笼"依托大数据技术建立科学严密的纪检监察机关内部监督系统，禁绝"不作为、乱作为、慢作为"现象，防止"灯下黑"。同时，运用大数据技术，充分利用其他单位"数据铁笼"汇聚的数据资源为纪律审查等工作服务、辅助纪委准确把握工作和业务的重点、为工作调整及业务改进提供精准支撑。

贵阳市纪委监察局着力打造对纪检监察干部的纪检业务全过程覆盖、全过程记录、全过程留痕的"数据铁笼"，提出"用电子日志管住痕迹、用关联数据管住行为、用审批程序管住权力、用预警推送管住责任、用关键行为管住过程、用综合评价管住绩效、用任务时限管住效率、用分析结果管住风险"的解决方案。搭建干部监督哨，以移动客户端作为数据感知和信息采集的主要载体，实时采集干部日常行为数据，实现工作绩效和行动轨迹数据化，解决如何描述和管住干部的问题。搭建数据平台，实现与全市各级纪检监察机关、与其他"数据铁笼"或业务应用系统，以及与网站等公众媒体的多层次的数据资源共享，从而形成基本信息数据、业务轨迹数据、规则规约数据、舆情舆论数据等一系列主题数据库，为市纪委调查取证和执纪问责提供依据。搭建大数据综合分析展示中心，从各类数据资源中建立模型、发掘领域知识、发现异常行为，对纪检干部的效能、风险、勤政、廉政、能力、履职意识、学习成长进行综合分析和评价。

　　纪检监察机关建设"数据铁笼"有助于强化干部队伍建设，对干部的权力和日常行为等进行规范和考核。通过对执纪过程中多种来源数据，特别是对其他部门"数据铁笼"数据的采集、融合、分析和应用，能及时发现权力监管中存在的盲点和不足，改善监督机制，提高"数据铁笼"对行政权力监督的科学性和严谨性，并优化业务流程、明晰工作职责、监督执法过程和科学考核评价，从而进一步强化干部遵纪意识，切实推进反腐败工作。

第九编　数据安全

大数据的安全与发展是一体之两翼、行动之双轮。正如习近平总书记在网络安全和信息化工作座谈会上所强调的，"安全是发展的前提，发展是安全的保障，安全和发展要同步推进"。近年来，由于数据在网络空间传播迅速，且当前技术手段和行政手段都无法对其实施有效监管，使得大数据安全问题日益加剧。

大数据所引发的数据安全问题，并不仅仅在于技术本身，而是在于因数据资源的开放、流通和应用而导致的各种风险和危机，并且由于风险意识和安全意识薄弱、关键信息基础设施的安全可靠性差、黑客攻击、管理漏洞以及法律的缺失和滞后加剧了风险的发生频率和危害程度。防范数据安全风险，需要加大对维护安全所需的物质、技术、装备、人才、法律、机制等方面的能力建设，建设立体多维的数据安全防御体系。

切实保障数据安全，加强法治建设是其中的重要环节。目前，我国在数据安全方面缺乏相应的专项立法，只有一些相关规定散见于各类法律法规当中，无法在推动数据开放共享并防止数据滥用和侵权上提供有效的法律支持。应充分依据大数据发展的特点和规律，尽快构筑维护社会个体基本法权、公共利益、国家安全及可持续发展的大数据安全法律体系。

一、数据安全风险

（一）数据开放安全风险

数据开放中的数据风险是国家战略层面面临的主要威胁。数据开放让大数据时代的国家主权越来越相对化：数据的开放性与自由化大大降低了政府对数据行为的管控能力，影响了各国之间的交流与合作；数据开放使数据主权的争夺成为国家战略的制高点，给国家安全带来了严重威胁。

世界大国抢占网络空间主导权，数据主权争夺成为国家战略制高点。21世纪，既是互联网时代也是大数据时代，哪个国家拥有网络和数据主导权，哪个国家就是世界强国。我国已经是互联网应用第一大国，也是数据产生第一大国，但是，我国在网络空间和数据主导权上还受制于人。当前，美国把持着互联网资源的分配权、国际互联网根域名的控制权、网络域名解析系统（DNS）等核心互联网资源。全球13台根域名服务器，其中1台主根服务器与9台辅根服务器设在美国。由此可见，美国实际上掌握了全球互联网空间的主导权。而网络主导权关联着数据主导权，以致数据主导权争夺日渐激烈，并相继被世界主要大国视为战略制高点加以争夺。

敌对势力网络暗战持续不减。敌对势力对我国暗里造成的网络安全威胁，其广度、深度与力度都在不断增加。一是利用破网技术进行反宣渗透，研发新型即时通信软件向我国藏区推广。二是借助社交平台实施网络舆论战，"东伊运""东突""法轮功"邪教组织等搭建镜像网站，传播政治谎言。三是通过黑客组织攻击政府系统、金融网络系统、电信运营商核心网络节点、境内重要网站。四是利用网络新媒体，策划网络行动。如一些异见人士利用 Facebook、Twitter 等自媒体平台向特定与不特定群体传播错误观点和言论，策划网络行动。

恐怖组织网络化趋势明显。境内外"三股势力"通过网络传播暴恐音视频、勾连聚合现象十分突出。2014年，"东伊运"发布恐怖音视频、电子书籍近140部，相比2013年，增长量超过20%。这些音频和视频煽动性极强，传入境内之后很容易成为暴恐事件的直接诱发因素。此外，"伊斯兰国"通过互联网渠道招募外籍人员的现象愈演愈烈。根据摩洛哥战略研究中心在2016年全球反恐论坛上提交的报告显示，近两年来，共有4.7万名外国人在叙利亚和伊拉克为"伊斯兰国"恐怖组织作战。"伊斯兰国"通过注册Facebook、Twitter、Youtube 等西方社交媒体账户，发行《达比克》等电子杂志、开发网络圣战游戏、开发手机应用等方式，吸引西方青年加入到"伊斯兰国"的"圣战"中去。

关键信息基础设施新旧隐患交替频发。金融、通信、交通、能源、电力等公共领域的信息基础设施是经济社会运行的神经中枢，是网络安全的重中之重，是敌对势力选择攻击的重点目标，也是安全隐患频发的薄弱环节。当前，我国关键领域信息基础设施面临的网络安全形势严峻而复杂，党政机关网络系统、全国域名解析系统、金融机构网络系统等遭受攻击，多家知名电商平台数据遭泄露事件时有曝光，甚至有的信息系统长期被操控。面对高级持续性网络攻击，我国关键领域信息基础设施的安全防护能力还比较薄弱，以致这些领域的信息安全问题频发。

核心信息技术产品服务存在安全隐患。目前我国的一些核心技术产品自主可控能力比较弱，这些产品服务存在安全隐患严重。据美国中央情报局前雇员斯诺登披露，美国国家安全局自2007年起就开始实施绝密电子监听计划，通过非法侵入谷歌、雅虎、微软、苹果等九大网络巨头的服务器，监控美国公民和国际政要的电子邮件、聊天记录、视频及照片等秘密资料，肆意窃取全球用户数据。

（二）数据流通安全风险

数据采集安全风险。在数据采集的过程中可能存在数据损坏、数据丢失、数据泄露、数据窃取、隐私泄露等安全威胁。由于现行数据采集的范围和内容没有统一标准的约束，数据安全在采集过程中无法得到有效保障。此外，大部分互联网应用在数据采集时，无论其采集行为有无权限、用户是否知情，其采集的行为都在进行，并且覆盖面过于广泛，有的数据可能涉及国家利益、商业秘密、个人隐私等，无疑增加了隐私泄露安全风险。

数据传输安全风险。数据在传输过程中面临的主要安全问题包括机密性、完整性和真实性等。数据在传输过程中存在被监听、篡改等问题，特别是在无线网络传输环境下，网络传输中的数据安全问题尤为突出。任何一个互联网应用安装到端产品时，都具备数据的采集和传输功能，会将所采集的数据上传到云端，而在上传过程中就可能遭到非法入侵而出现账号被盗、数据泄露等安全风险。

数据存储安全风险。数据存储的管理安全问题突出表现为数据的关联权限不确定、访问控制问题以及存储能力不足等风险。在存储数据的管理过程中，应当在存储设备的所有权和使用权分离的情况下，确保对所存储数据的具体位置和权限进行管理。如何确保数据的所有权和访问权得到合法保护，隐私保护、数据加密、备份与恢复等，都成为数据存储过程中急需解决的重点和难点。

（三）数据应用安全风险

数据应用安全风险。网络应用的攻击和漏洞正在向批量化、规模化方向发展。主要表现在账号攻击愈演愈烈，全网知识库大大丰富，建账系统的漏洞被广泛应用，漏洞发现和利用的速度越来越快，第三方托管平台被攻击，政府、企业信息、个人隐私得不到有效保护等。网络违法犯罪活动呈快速增长高发态势，一些传统犯罪类型也开始利用并针对互联网实施攻击，不法分子通过各种手段窃取、贩卖公民个人信息，从事各种违法犯罪活动。被窃取、贩卖和泄露的信息涉及金融、教育、医疗、保险等重要部门和行业。

数据管理安全风险。数据管理安全风险是数据应用中的较为突出的安全风险，由于数据管理不善导致的安全风险十分常见。主要表现为：一是网络社会管理的法律体系不完善，对网络信息安全管理的法律规制缺失。现在数据安全管理以部门规章为主，立法位阶较低，立法之间协调性和相关性不够，相互衔接上缺乏系统性和全面性。二是网络管理人员和网站管理人员的安全防范意识薄弱，安全管理环节出现纰漏，内部监管机制不健全，甚至包括一些低级的技术错误和人为失误。

（四）数据安全风险源辨析

数据安全风险意识薄弱。大数据技术的快速发展与应用和数据安全意识之间的严重脱节，是数据安全问题产生的主观原因。目前，人们的数据安全意识非常薄弱，绝大部分人认为自己的网络环境较为安全，而事实上，网络环境依然存在大量的非法攻击、数据泄露等安全威胁。据《我国公众网络安全意识调查报告（2015）》显示，75%的网民多个账户使用相同的密码，85%的网民在下载网络应用或注册网络账号时忽视用户协议，80%的网民随意连接公共 Wi-Fi，37%的网民经常在不考虑安全问题的情况下扫描二维码，55%的网民曾遭遇过网络诈骗。

缺乏安全培训是导致安全意识薄弱的主要原因之一。安全意识是需要培训的，而我国的安全预案多是原则性的规则，没有具体的行为规定，缺乏对安全意识的培训，这也是我国公民不能形成良好安全意识的主要原因之一。反观日本等发达国家，则对安全问题做了很多具体的行为规定，以培养公民的安全意识。

关键信息基础设施安全可控性差。关键信息基础设施承担了传输、存储和处理与国计民生紧密相关的海量数据，其重要性与敏感性不言而喻，如国防、金融、能源、教育、通信、地理、人口等相关信息基础设施。关键信息基础设施安全防控能力不足将会引发数据资产失控，一旦这些关键信息基础设施遭到破坏，就会对国家安全、社会稳定和公共安全产生严重影响。基础设施安全防控能力不足将引发数据资产失控，基础通信网络关键产品缺乏自主可控能力成为大数据安全的隐患。

黑客与漏洞。系统安全漏洞或技术薄弱环节是黑客入侵的源头。如果核心操作系统、关键技术设备、大型数据库等关键信息基础设施都采用国外的产品，则极易带入许多嵌入式病毒，比如可恢复密钥的密码等，这样会遗留众多安全漏洞以便黑客攻击，同时技术公司还能够利用这些设备的"后门"来窃取国家机密数据，甚至还可能发动网络攻击破坏国家的关键基础设施，直接威胁国家安全和社会稳定。漏洞是黑客的重要线索，他们的目标就是利用技术对漏洞进行攻击或是进行修补，并从大量的漏洞中筛选高价值、可利用的漏洞进行试验。

数据恐怖主义。1997年，美国加州情报与安全研究所资深研究员柏利·科林第一次提出了"网络恐怖主义"一词，认为它是网络与恐怖主义相结合的产物[○]。相对传统的恐怖主义，网络恐怖主义并不会直接采用暴力行为造成人员伤亡，而是通过更为隐蔽的网络信息技术入侵受害方系统，进行操作与攻击。数据恐怖主义是网络恐怖主义在大数据时代发展的更高级的形态，并更具渗透性和摧毁力。未来的数据恐怖主义最有可能攻击的目标就是关键敏感数据，目标是操控政府机构、关键基础设施和公共安全。

法律缺失与滞后。 如何去平衡数据利用与数据安全，是涉及数据利用与数据资源本身，数据利用与隐私保护，以及数据利用与国家、社会、个人安全的问题关系，这已经成为一个世界性难题。大数据时代的快速变迁，加剧了数据立法的滞后性。一方面，由于大数据发展存在不确定性，使立法关系中"主体行为"的解释、预测和控制变得异常困难，不能有效指导立法实践。另一方面，数据立法的理论研究远远落后于数据技术的发展及实践的变化，存在很多研究盲区，立法与社会的需求脱节。

二、数据安全防御

防范数据安全风险，切实保障数据安全，需要构筑立体多维的数据安全防御体系。国务院《促进大数据发展行动纲要》将"强化安全保障，提高管理水平，促进健康发展"列为三大任务之一，并明确了具体的建设重点，作为我国推进大数据发展的战略性指

○ 《国际视野：网络恐怖主义：安全威胁不容忽视》，人民网。

导文件，充分体现了国家层面对大数据安全的顶层设计和统筹布局，为我国大数据安全建设提供了政策依据与行动指南。

（一）加强关键行业和领域重要数据信息的保护

加强关键行业和领域的保护就是对国家的重点系统、关键行业、重要领域，特别是涉及国家利益、公共安全、商业机密、个人隐私、军工科研生产等数据信息的保护。保护关键行业和领域的重要数据信息，最大程度杜绝技术漏洞、防御漏洞和管理漏洞，需要通过建立健全和严格执行更高规格的数据安全等级保护管理制度来实现。而我国目前的等级保护管理制度很多是依照传统思维来制定的，并不能适应如今的大数据、云计算发展的现实环境，因此，亟须制定新的等级保护管理制度，并严格执行。

对于涉及国家利益、商业秘密、个人隐私、敏感性数据等涉密数据采取特殊保护措施，实行"三确定四明确"原则。"三确定"原则即学理界定、法律限定、政策认定，对于国家利益、商业秘密、个人隐私、敏感性数据的界定应遵循此原则，在没有政策认定的情况下，国家利益、商业秘密、个人隐私、敏感性数据的界定要有法律限定或者学理界定。"四明确"原则：一是要明确各领域、各系统、各部门数据共享的范围边界和使用方式，特别是要明确政府数据开放的边界、范围和使用方式；二是要明确数据采集、传输、存储、使用、开放等各个环节数据安全的范围边界、责任主体和具体要求；三是明确政府通过契约式开放形式，在统筹利用市场大数据中的权限、范围和方式；四是明确个人信息采集的主体权利、责任和义务。

（二）在涉及国家安全稳定领域采用安全可靠的产品和服务

规划设计具有中国特色、自主可控的下一代互联网，从技术、产品和服务等角度更加重视新一代或者下一代网络融合技术、终端移动、终端接入中的安全问题。使用方并没有将安全因素作为首选条件，而是更多地关注产品的性能是否优良，这与我国"自主可控"和"中国特色"的互联网产品的缺失有关。在下一代互联网中，网络融合技术与移动终端的安全问题非常关键。网络融合技术应用广泛，如人工智能的知识库，其包含云计算、大数据等相关内容。终端移动与生活紧密联系在一起，涵盖日常可穿戴设备，是未来安全问题的最大隐患。如手机 APP 将使用者的身体数据、运动数据等进行采集与分析计算，也会造成数据安全风险。

在下一代互联网等数据系统建设时，要实现建设、应用、管理与安全统筹规划、同步设计以及一体化建设，特别是同步构建有利于数据全过程保护的安全性架构和安全性平台。数据安全问题与大数据流通全过程是相伴相生的，从数据系统的建设伊始到其应用、管理，再到维护、改进和完善的全过程都必须要充分考虑数据安全问题。安全性架构和安全性平台缺失是现今重大的安全漏洞之一，而今后对数据产品和服务的验收，必须要出具合格的网评和数评安全报告，方可通过验收。

在下一代网络核心技术领域竞争中掌握更多的关键技术，包括网络基础理论、云安全、人工智能、交易安全、高速传输安全、网络监控、网络实名、网络犯罪及检测取证等关键技术。信息技术是整个网络信息系统得以正常运转的重要支撑，是保障数据安全的关键所在，是保障国家安全不可或缺的核心力量，只有在信息技术领域有所突破，掌握足够的核心技术，才能保障国家网络信息安全。

（三）提升关键信息基础设施的安全可靠水平

关键信息基础设施主要是指社会经济运转所严重依赖的产品、服务、系统和资产。"关键"就是指高度依赖性。关键基础设施一旦遭到破坏就会瘫痪，社会经济运转就会受到严重影响。关键信息基础设施需要仿照现有安全保护管理等级的相关规定，通过综合评估，划定安全等级，实施分级管理。目前我国对于关键信息基础设施的范围划定和安全等级设定未有明确规定，因此，急需补齐相应的短板。

关键信息基础设施的安全可靠水平主要体现在四个方面：

第一，业务连续能力，即不间断可靠供给能力。美国在2003年制定的《网络空间安全国家战略》把业务连续能力主要概括为两部分：一是降低网络攻击前的脆弱性，脆弱性越低就越能防止网络攻击；二是缩短网络攻击发生后的破坏与恢复的时间差，即在攻击前尽量使网络变得强大，攻击后尽量缩短破坏与恢复时间差。《中华人民共和国网络安全法》也从规划建设、使用管理、人员配置、容灾备份、应急处置等多个方面做出规定，来规范关键信息基础设施的业务连续能力。

第二，关键设备的自主可控，即实现国家对主要信息产品、设施设备和技术的自主设计、制造、可控管理和使用。关键设备的自主可控是维护国家数据安全的关键所在。从保障安全的角度出发，关键信息技术与产品必须实现国产化及管理可控，并且出台相关规定，要求涉及国家安全的部门和行业必须使用此类技术和产品。

第三，敏感数据的存储与流通制度化。从数据管理的角度来看，安全部门需建立健全敏感数据的存储与流通制度，明确规定哪类数据可以存储在国外服务器上，哪类数据必须存储在境内，哪类数据必须存储在境内国产服务器上，哪类数据必须在安全部门备份存储，哪类数据限制流通出境等。敏感数据的制度化管理可以解决其存储与流通安全风险。

第四，关键信息基础设施的主体责任。国家应当建立关键信息基础设施应急备份和灾难恢复机制，重要信息和网络企业必须建立数据备份中心。目前，我国很多重要领域和行业的信息主体尚未建立数据备份中心，主要体现在关键信息基础设施没有应急备份与缺乏灾难的恢复机制。一旦发生数据安全事故，将会带来不可挽回的重大损失。所以，关键信息基础设施的主体责任是否落实到位，直接反映了关键信息基础设施的安全可靠水平。

（四）建立健全数据安全标准体系和安全评估体系

数据安全标准体系和安全评估体系是数据安全体系建设的重要组成部分，对保障数据安全流通、促进数据价值挖掘、推动大数据产业健康发展具有重要意义。建立健全数据安全标准体系和安全评估体系，具体可包括以下六个方面：

第一，重点研究制定数据基础标准、技术标准、应用标准和管理标准。

第二，针对个人隐私、电子商务、国家安全等重点领域以及安全问题多发领域，率先研究使用数据安全标准。

第三，研究形成覆盖数据采集、存储、传输、挖掘、公开、共享、使用、管理等数据全过程的安全标准体系。

第四，针对数据平台和数据服务商等重点对象，做好数据可靠性及安全性的测评、应用安全性测评、检测预警和风险评估。对于重点行业和重要部门要由国家安全部门进行关键信息基础设施的安全评估和敏感数据的评估，评估合格后发放许可证。

第五，完善网络数据安全评估监测体系和实时监测体系，提升对大数据网络攻击威胁的感知、发现和应对能力。自流程化能够自动采集分析，通过五种数据增强对威胁的感知和发现。一是身份数据，即通过人脸识别、身份证、银行卡等确定身份；二是行为数据，是通过活动轨迹得到的数据；三是关联数据，是行为数据和身份数据融合汇聚形成的，进行关联分析的数据；四是思维数据，通过现在的行为与数据库进行比对分析；五是预测数据，由前四个数据叠加交叉所得。

第六，加快开展数据跨境流动安全评估，强化数据转移安全检测与评估，确保数据在全球流动中的安全。

（五）健全大数据环境下防攻击、防泄露、防窃取、防篡改、防非法使用监测预警系统

网络攻击、数据泄露、数据窃取、数据篡改和数据非法使用是数据安全预警预防的关键。攻击、泄露、窃取、篡改和非法使用五者交叉融合发生，是数据安全预警防范的重中之重。网络系统的硬件、软件以及系统中的安全缺陷和漏洞是防御攻击的薄弱环节。应用系统和数据库风险评估是发现信息泄露点并进行防泄露的关键环节。防窃取的核心环节是实现信息传送，如网关和路由器加密，并建立访问追溯机制。防篡改主要是保护数据的完整性和真实性，从而保障数据的有效性。防数据非法使用必须对所出现的非法行为进行有效识别和及时反应。数据的防攻击、防泄露、防窃取、防篡改和防非法使用，必须建立源头、环节、系统三个管理体系的加密机制和溯源机制，并建立网络安全、应用安全、操作系统安全三位一体的安全技术保障机制。

（六）建立完善网络安全保密防护体系和重要部门、重要数据资源信息安全保护、保密防护体系

构建数据安全保密防护体系，应当将管理与技术手段相结合，从管理层面和技术层面用规范的制度进行约束，全面提升数据安全保密及防护的综合能力。

从管理层面看，数据安全保密防护体系大体可以分为制度管理、资产管理、技术管理与风险管理等方面。制度管理是指制定、审查、监督与落实数据安全保密制度；资产管理是指对涉密人员、

涉密场所、重要数据资产的备份恢复以及网络与计算机的管理等；技术管理是指对存有泄密隐患的技术进行检查，对安全产品与安全系统中涉及的技术进行测评，对各种泄密事件进行技术取证；风险管理是指评估与控制安全保密风险。

从技术层面看，数据安全保密防护可以依靠的技术手段主要包括电磁防护技术、通信安全技术、信息终端防护技术、网络安全技术等。通过技术手段从不同层面保护数据系统与数据网络，保障数据及数据系统的安全，提升数据系统与数据网络的安全可靠性与抗攻击能力。

（七）提高网络和大数据态势感知能力、事件识别能力、安全防护能力、风险控制能力和应急处置能力

态势感知能力。态势感知能力是指综合多方警报和流量信息，通过聚合、关联、融合、归并等方法建立定性或定量描述的指标体系，达到精确感知态势的目的。借助大数据分析，对成千上万的网络日志等数据进行自动分析处理与深度挖掘，对网络的安全状态进行全面分析和综合评价，感知网络中的异常事件与整体安全态势。

事件识别能力。事件识别能力的核心在于精准"预测"。即在攻击事件发生前，通过对网络攻击的海量数据进行采集、分析与计算，发现网络攻击的异常行为和规律，有效识别攻击源和网络的风险点，准确预测网络和数据安全事件的发展趋势，使网络攻击无所遁形。在攻击事件发生后，通过数据溯源机制，标记和定

位大数据应用的各个环节，这样便可以及时准确地定位出现问题的环节和相关责任者。

安全防护能力。构建数据各相关主体的安全防护能力，需要做好准备工作和保护工作，提升防范水平，以应对入侵者的攻击，使数据主体避免危险、不受侵害、不出现事故，并全方位地保护数据应用和处理的各个环节。

风险控制能力。风险控制能力是通过风险识别、确定和度量来制订、选择和实施处理方案，从而减小甚至消灭风险发生的可能性，同时降低损失。风险控制包括事前、事中和事后三个阶段，风险发生前的首要风控目标是使潜在损失最小，而事中和事后的重点则是使实际损失降到最低。

应急处置能力。构建和完善包含应急响应、联动处置、数据恢复以及数据灾备等子系统的应急预案体系是重中之重。数据灾备包括数据备份和数据容灾，是数据安全和可用性的最后一道防线，但仅有备份不够，真正的数据容灾应该能够弥补传统备份的不足，在灾难发生时可以及时恢复整个系统。

（八）建立隐私和个人信息保护制度，加强对数据滥用、侵犯个人隐私等行为的管理和惩戒

对隐私的保护制度主要有五方面：

第一，隐私与个人信息管理保护贯穿于数据采集、存储、传输、交易、应用等全过程的各个环节，关键是规范各利益相关主体的行为。重中之重是要规范政府在个人信息采集和应用中的行为。

第二，在数据采集阶段，主要涉及个人、政府、企业三方主体。对个人来说，最重要的是培养隐私和个人信息保护意识；对政府和企业来说，必须规范公共部门和企业数据采集方式，明确政府部门、企业、行业、网民在数据社会承担的法律责任和社会责任。

第三，在数据处理阶段，主要涉及政府、企业、行业组织三方面主体。主要是建立个人数据处理审查机制和数据运营主体脱敏、脱密保障机制。

第四，在数据交易阶段，由于涉及多方参与，极易出现隐私和个人信息泄露，必须建立个人数据销售许可机制、个人数据流转登记机制和个人数据跨境流动审查机制。

第五，在数据应用阶段，必须建立多元参与的个人数据隐私泄露举报机制、个人数据隐私泄露溯源机制和个人数据隐私泄露责任追究机制。

（九）妥善处理审慎监管和保护创新的关系

大数据的发展既要保护创新，又要审慎监管。监管与创新是对立统一的矛盾体。一方面，监管刺激创新产生，对于大数据发展的监管既是创新的制约，也是创新的诱发因素。由于监管增加了大数据企业机构的运营成本，降低了其盈利能力，导致企业不得不"发掘"大数据监管的"漏洞"。当监管的约束大到回避它们便可以增加经营利润时，经营机构便有了"发掘漏洞"和创新的动力。从一定程度上来讲，监管对创新具有一定的诱发作用。另一方面，创新促使监管不断变革。创新的出现在一定程度上对大数据监管体系提出了新的挑战，对监管模式和方式的改进提升都具有推动作用。

既要审慎监管，又要保护创新，要平衡好两者关系。只有正确处理大数据监管与创新之间的关系，掌握好其中的平衡点，在监管中创新，在创新中监管，做到审慎监管，保护创新，使两者相互协调，健康发展，才能实现"监管—创新—再监管—再创新"的良性循环发展。这需要不断提升大数据发展的创新层次，加强大数据发展创新过程的监管，完善大数据发展监管协调机制，建立风险预警机制，加强大数据发展监管的国际合作与区域合作。

（十）数据立法和数据伦理

对大数据交易与数据权归属问题的确认，目前仍然存在法律空白。数据作为一种资源，是产权的一种特殊表现形式，具有确定的、清晰的所有权，需要由法律进行保障。从目前来看，数据立法应明确保护公民权益、国家权利、国家安全和公共利益、促进大数据产业发展等基本原则，为将来的立法实践提供指导。大数据时代的"数据安全三原则"：用户数据是个人资产，其所有权属于用户；互联网公司和政府通过服务换取用户的数据，其对用户数据的使用必须经过用户的授权和许可；作为存储用户数据的主体应该对用户数据提供安全保障。

法律法规和伦理道德是社会的经纬。数据社会中，法律是伦理道德的底线。在强调立法重要性的同时，丝毫不能忽视社会伦理道德体系建设在数据安全领域的重要意义。加强数据立法的同时，更需要建立一套普适的数据伦理与数据道德体系。数据伦理与数据道德本质上要以人为主体，它的内在体现是以人为本、尊重人的尊严和价值、维护人的地位和权利、实现人的发展和追求的人本意识。数据本身是中性的，数据应用是否得当是技术无法解决的，数据应用产生的安全问题，应该倾向于用伦理道德来定性和调解。我们需要做的是理顺人类世界与数据世界的伦理关系，共同迈向大数据时代的人类命运共同体。面对错综复杂的数据流通、使用、交易、权属等问题，最终我们都要通过数据伦理、数据立法来予以梳理和解决。

三、数据安全立法

数据的核心价值在于共享开放，这是其基本规律。数据安全的本质及其基本规律是如何有效地防攻击、防泄露、防窃取、防篡改、防非法使用，保障数据全生命周期的安全，使其免受侵犯。研究数据安全立法需要着重解决的问题，包括规范行为、限制权力、保护责任。

规范行为。主要是规范数据相关利益主体的行为，从数据采集、传输、存储、挖掘使用等数据流通环节去规范相关利益主体的行为，明确相应的责任和义务，避免数据采集者或持有者违规采集或利用数据，给国家、社会或个人造成利益损失，甚至扰乱整个大数据市场。

限制权力。限制权力主要是限制利益主体的权力，其内涵主要体现在两方面：一是促进数据共享开放，二是限制利益主体权力，即削减数据利益主体的权力，敦促其共享开放数据，让数据价值得以充分释放。

保护责任。主要是保护公民、法人和其他组织的数据免受攻击、泄露、窃取、篡改、非法使用等。数据保护责任的主体包括人民政府、公安机关、大数据行政主管部门、数据运营方、数据使用方等。数据保护的措施，不同的责任主体其保护数据的措施和路径不同：人民政府统一领导数据安全工作，统筹协调数据安全工作的重大事项；公安机关负责数据安全工作，统一发布数据安全风险预警；大数据行政主管部门统筹协调数据安全风险评估、数据安全认证和检测等相关工作；数据运营、使用方，对其在数据采集、存储、传输、使用等过程中如何保护数据安全需做相关规定。

（一）数据安全立法的宗旨与总则

立法的首要任务即是回答为什么要立这部法的问题，从源头阐述立法的必要性与重要性，而立法宗旨的职能正是对以上问题的释疑解惑。数据安全的立法宗旨主要体现在三个方面：维护国家安全、公共安全和社会公共利益，保护公民、法人和其他组织的合法权益，促进数据共享开放，推动大数据产业健康发展。

数据安全立法适用于所属行政区域内数据采集、存储、流通和应用中的数据安全。重点保障涉及国家利益、公共安全、商业秘密、个人隐私、军工科研生产等数据的安全。

遵循原则是数据安全立法的主张与出发点，只有将遵循原则想清楚、把握准确，所立的数据安全法才能适应大数据时代的数据安全监管。数据安全立法应遵循：一是坚持数据共享开放与数据安全并重的原则，二是坚持依法运行与促进发展并行的原则，三是坚持依法监管与保护创新并举的原则。

数据安全风险最主要的来源之一在于信息基础与安全设施规划设计不合理、分散建设，这成为信息系统投入使用以后的风险源头。保障数据安全最直接有效的手段就是降低甚至杜绝源头风险，提升数据安全防护能力。因此，数据安全设施应当与信息化项目同步规划、同步建设、同步运行。

对于数据安全保障工作，政府的职责非常重要，离开政府的参与，整个数据安全保障工作将无法进行。在立法中应该明确的政府责任主要有：政府采取积极有效措施，监测、防御、处置公民、法人和其他组织的数据免受攻击、泄露、窃取、篡改和非法使用，保障数据安全，促进数据开放。从职责分工内容看，辖区内人民政府统一领导本辖区数据安全工作，统筹协调数据安全工作的重大事项；公安机关网络安全管理部门负责辖区内数据安全工作，统一发布数据安全风险预警；数据行政主管部门统筹协调数据安全风险评估、数据安全认证和检测等相关工作；国家安全机关、网信部门、保密部门等有关部门依照有关法律法规的规定，在各自职责范围内负责数据安全工作。

安全标准对于更加有效地保障数据安全不可或缺，也是开展数据共享开放与应用工作的必要措施。因此，数据安全工作使用的数据安全基础类标准、技术类标准、管理类标准和应用类标准应当符合国家有关规定。

实行数据安全等级保护制度是保障数据安全的必要手段。数据运营、使用方应当按照数据安全等级保护有关管理规范和技术标准，对数据实施分类控制和分级保护。数据安全等级应当符合国家的相关规定和标准，并与信息安全等级保护相衔接。

数据安全风险评估是降低甚至消除数据安全风险的有效措施，对于降低事前、事中的数据安全风险具有不可替代的作用。因此，数据安全立法应做出相应的规定，如大数据行政主管部门组织制定数据安全风险评估制度，定期组织开展数据安全风险检查评估，对存在问题的被评估方提出消除、降低或者控制安全风险的措施，并督促落实、整改。数据运营、使用方应当依托本单位技术力量，或者委托符合条件的风险评估服务机构进行数据安全风险自评估。

数据安全风险意识不强是导致数据安全问题频发的重大主观原因，因此需加强数据安全宣传教育培训，提升公民的数据安全意识，降低数据安全风险。我国相关政府部门应当通过多种形式组织开展经常性的数据安全宣传教育，指导和督促数据运营、使用方做好数据安全宣传教育、安全培训、应急演练等工作，增强数据安全风险意识，提升数据安全防范能力。

（二）数据安全立法的重点

数据安全立法调整范围覆盖数据的全生命周期，具体包括三个部分：一是数据采集和存储安全，二是数据流通安全，三是数据应用安全。

数据采集和存储安全。在数据采集方面，数据运营、使用方采集数据应当遵循合法、正当、必要的原则，明示采集的目的、方式和范围，不得违反法律法规规定和双方约定，不得损害被采集对象的合法权益。

在数据存储方面，数据运营、使用方应当按照有关法律法规规定和数据安全标准存储数据。对涉及国家利益、公共安全、商业秘密、个人隐私、军工科研生产等数据，应当采取数据分类、数据备份和加密等措施保障数据存储安全。数据运营、使用方应当选择安全性能和防护级别与数据安全等级相匹配的存储载体，并按照有关法律法规规定对其进行管理和维护。

数据安全立法中可以规定数据运营、使用方应当根据数据被攻击、泄露、窃取、篡改、非法使用后的危害程度，按以下规定采取措施：不对国家安全，社会秩序和公共利益，公民、法人和其他组织的合法权益造成损害的数据，可以在境外服务器上存储；对公民、法人和其他组织的合法权益产生严重损害，或者对国家安全、社会秩序和公共利益造成一般损害的数据，必须在国内自主研发的服务器上存储；对社会秩序和公共利益造成严重损害，或者对国家安全造成一般损害的数据，必须在国内自主研发的服务器上存储和备份，并按照相关法律法规明确备份数据的保存时限和安全等级；对社会秩序和公共利益造成特别严重损害，或者对国家安全造成严重损害的数据，必须在国内自主研发的服务器上存储和备份，并且与国际互联网实行物理隔离。

为保障数据采集和存储过程中的安全，需要采取必要的安全措施，如应当建立和运用符合数据安全等级要求的访问控制、身份认证、病毒防范、安全审计、日志记录、系统接入审查等安全防护机制，防止采集、存储的数据被攻击、泄露、窃取、篡改、非法使用等问题发生。

数据安全立法中，必须明确利益相关方的义务权利，如数据运营、使用方应当对其采集、存储的涉及国家利益、公共安全、商业秘密、个人隐私、军工科研生产等数据严格保密，不得泄露、出售或者非法向他人提供。数据运营、使用方对其采集、存储的数据，在发生或者可能发生被攻击、泄露、窃取、篡改、非法使用的情况时，应当及时采取补救措施，按照规定及时告知用户并向有关主管部门报告。被采集对象发现数据运营、使用方采集、存储其数据有错误的，有权要求数据运营、使用方予以更正；发现数据运营、使用方违反法律法规规定或者双方约定采集、存储、使用其数据的，有权要求数据运营、使用方删除其数据。数据运营、使用方应当采取措施予以更正或者删除。

数据流通安全。在数据传输方面，数据运营、使用方在传输涉及国家利益、公共安全、商业秘密、个人隐私、军工科研生产等数据时，应当采取加密传输以及其他必要措施，防止数据被攻击、泄露、窃取、篡改、非法使用，确保数据的完整性、保密性和可用性。数据运营、使用方应当加强对其用户传输数据的管理，发现法律法规禁止传输的，应当立即阻断传输，采取消除等处置措施，保存有关记录，并向有关主管部门报告。

数据的跨境流通，是当前数据安全管理中非常重要的方面。在数据安全立法中应该明确：数据运营、使用方在本行政区域内收集和产生的个人信息和重要数据，因业务需要确需跨境流通的，应当按照国家相关规定办理相关手续，且定期向公安机关上报数据流通情况。

在数据交换方面，不得在未采取任何安全防护措施的情况下进行数据交换，涉及国家利益、公共安全、商业秘密、个人隐私、军工科研生产等数据在网络传输时，应当尽量避免从高等级安全域向低等级安全域交换。如无法避免，应当进行安全风险评估，并采取必要的安全保护措施，以规避安全风险。数据交换按照规定留存日志等有关记录，留存期限不得少于六个月。

在数据交易方面，进入数据交易服务机构的数据应当合法、有效、真实，不得损害第三方合法权益，并接受有关部门的监督管理。数据交易服务机构应当加强对交易平台的安全保护，数据交易平台应当落实信息安全等级第三级别以上安全保护措施。

数据应用安全。数据的预处理是进行数据运用的前提和条件。数据运营、使用方进行数据脱密、脱敏处理时应该承担起相应责任，遵守相关规定，如进行数据脱密、脱敏前，应安排专人或专职部门完整地梳理待处理数据中包含的所有涉密、涉敏信息，明确脱密、脱敏的范围，并将脱密、脱敏方案向公安机关报备；对数据脱密、脱敏工具进行安全检测，保证数据脱密、脱敏工具安全可靠、无漏洞和后门；在数据脱密、脱敏的各阶段加入安全审计机制，严格、详细记录数据处理过程中的相关信息，形成完整的数据处理记录；数据脱密、脱敏处理后仍可能存在敏感信息泄漏风险的，应当采取合适的方式控制知悉范围，通过恰当的安全管理手段，防止数据外泄；相关人员对获悉的数据负有法定或者约定的保密义务。

数据挖掘是发现数据价值的核心环节，在数据安全立法中应该明确提出，数据运营、使用方挖掘使用数据应当遵守法律法规，维护国家安全，尊重社会公德，保护个人隐私，并遵守相关规定，如不得利用挖掘分析的结果从事危害国家安全、社会公共利益、公民、法人和其他组织合法权益的活动；对涉及个人信息的数据进行挖掘分析应当遵守有关法律法规关于个人信息保护的规定，挖掘分析的结果可识别出特定自然人的，未经本人同意不得向社会和他人公开。

在提供数据产品和服务时，数据运营、使用方应当遵守以下规定：不得违反相关国家标准的强制性要求；不得设置恶意程序；发现其数据产品、服务存在安全缺陷、漏洞等风险时，应当立即采取补救措施，及时告知用户，并按照规定向有关主管部门报告；在规定或者约定的期限内，不得擅自终止为其产品、服务提供安全维护；为公安机关、国家安全机关依法进行防范、调查危害数据安全的违法犯罪活动提供技术接口和解密等技术支持和协助；对于服务外包业务中涉及采集、存储、传输、应用数据的，应当选择具有相应安全资质和技术能力的机构承接外包服务，签订保密协议，对导出、复制、销毁数据的行为实行审查，并且采取防泄密措施。

　　建立和完善数据安全管理制度是实现数据安全的重要保障，数据安全立法中应该明确以下规定：制定数据查询、修改、使用、销毁等方面的内部安全管理制度和操作规程，内部人员严格按照规程操作，防止误操作；制定数据安全审计制度，落实记录、监测数据相关系统的运行状态和各种数据安全事件的安全审计措施，定期进行安全审计分析，并向主管部门提交安全审计报告；制定完善的访问控制策略，防止未经授权查询、复制、修改或者传输数据；采取防范计算机病毒和网络攻击、网络侵入等危害数据安全行为的技术措施，留存相关网络日志；加强服务外包管理，选择具有相关安全资质的企业承接外包服务，并签订保密协议。

　　数据销毁是数据全生命周期中的最后一环，也是确保数据安全非常重要的方面。数据运营、使用方销毁数据应当遵守以下规定：对失去使用价值的、继续存储会妨碍他人合法权益的、超过法定或约定保存时限的或者法律法规规定须销毁的数据，应当及时予以妥善销毁；根据数据重要性级别按照国家相关规定采取相应的安全销毁措施。

（三）数据安全预警、预案、预防与法律责任

　　预警、预案和预防，从事前采取数据安全风险预防措施、事中实时监测预警数据安全风险事件、事后及时启动数据安全应急预案等方面健全数据安全保障体系。

　　在监测预警方面，辖区内人民政府负责建立数据安全风险监测预警平台，制定数据安全风险监测预警和信息通报制度。公安

机关统筹协调有关部门加强对数据被攻击、泄露、窃取、篡改、非法使用等信息的收集、分析和通报工作，并按照有关规定统一发布数据安全风险预警。数据运营、使用方应当建立数据安全风险实时监测系统，定期向有关主管部门报送数据安全风险信息。

在应急预案方面，公安机关统筹协调有关部门建立健全数据安全应急工作机制，制定数据安全事件应急预案，并定期组织演练。数据运营、使用方应当制定数据安全事件应急预案，并定期组织演练；建立数据灾难恢复应急机制，建立数据防灾备份系统，根据备份数据的类别、性质和行业要求予以保存。发生危害数据安全的事件时，应当立即启动数据安全事件应急预案，采取相应的处置措施，消除安全隐患，防止危害扩大，保存相关记录，并及时向有关主管部门报告。

在风险管理方面，公安机关建立数据安全咨询机制，组织专家开展对数据安全形势的分析研判，为处置数据安全风险提供咨询建议和技术支持。数据安全事件发生的风险增大时，公安机关和其他有关部门应当按照规定的权限和程序，并根据数据安全风险的特点和可能造成的危害，采取下列措施：要求有关部门、机构和人员及时收集、报告有关信息，加强对数据安全风险的监测；组织有关部门、机构和专业人员，对数据安全风险进行分析评估，预测事件发生的可能性、影响范围和危害程度；发布数据安全风险预警，发布避免、减轻危害的措施。

在风险预防方面，数据运营、使用方应当采取以下措施防止数据被攻击、泄露、窃取、篡改或者非法使用：确定本单位数据安全负责人，落实数据安全保护责任；优化和建立数据采集、存储、流通、应用及其相关活动的工作流程和安全管理制度；对本单位工作人员以及第三方人员实行权限管理，对批量导出、复制、销毁数据的行为实行审查，并采取防泄密措施；记录对涉及国家利益、公共安全、商业秘密、个人隐私、军工科研生产等数据进行操作的人员、时间、地点、事项等信息；按照公安机关和其他上级主管部门的规定开展数据安全防护工作；公安机关和其他上级主管部门规定的其他必要措施。

监督检查是保障预警、预案和预防工作落实的有效手段，数据安全立法中应明确各责任主体监督检查的责任与内容，如辖区内人民政府应当建立健全数据安全工作监督检查机制，确保数据安全相关工作落实到位。公安机关应当对本辖区内数据安全重点监管对象，每年至少开展一次数据安全监督检查工作。发现数据存在较大安全风险或者发生安全事件的，应当按照规定的权限和程序要求该数据运营、使用方及时采取措施，进行整改，消除隐患。数据运营、使用方应当对公安机关和有关部门依法实施的监督检查予以配合。

如何科学、合理地设置法律责任，是地方立法实践中面临的一项重要课题。地方安全立法中的法律责任，应明确数据被攻击、破坏、泄露、窃取、篡改和非法使用等具体行为的责任主体及其应承担的法律责任。如导致数据存储、传输载体被攻击、破坏或者未经授权的访问，由公安机关责令改正，给予警告；拒不改正或者导致危害数据安全等后果的，处以相应罚款。导致数据泄露或者被窃取、篡改的，由公安机关责令改正，并对直接负责的主管人员和其他直接责任人员处以相应罚款；情节严重的，可以责令暂停相关业务、停业整顿。以欺骗、误导或者强迫等方式非法采集数据，或者非法存储、处理和传输涉及国家利益、公共安全、商业秘密、个人隐私、军工科研生产等数据，尚不构成犯罪的，由公安机关责令改正，可以根据情节单处或者并处警告、没收违法所得、处以相应罚款；情节严重的，并可以责令暂停相关业务、停业整顿。非法出售或者非法向他人提供数据的行为，或者利用收集的数据、挖掘分析的结果从事危害国家安全，损害国家利益、集体利益和公民、法人合法权益等活动，尚不构成犯罪的，由公安机关没收违法所得，可以处以相应罚款；情节较重的，加重处罚。

除以上五种行为外，对于其他非法行为，如非法攻击、干扰或破坏他人数据载体的；窃取或者以其他非法方式获取他人数据的；擅自披露、泄露或者转让他人数据的；非法篡改、删除或者毁损他人数据的；明知他人从事危害数据安全的活动，为其提供技术支持、广告推广、支付结算等帮助的；危害数据安全的其他行为的，也应明确其应承担的法律责任。

对于数据安全管理中的相应责任人，还应该在地方安全立法中明确其法律责任。如失职追究，未按规定建立数据安全保护制度的，或者未按规定落实数据安全保护技术措施的，或者拒绝、阻碍有关部门依法实施数据安全监督检查的，由公安机关责令改正；拒不改正或者情节严重的，处以相应罚款，对直接负责的主管人员和其他直接责任人员，处以相应罚款。行政处分，数据安全监督管理部门及其工作人员违反规定，未履行监督管理行政职责，尚不构成犯罪的，对直接负责的主管人员和其他直接责任人员依法给予处分。数据安全监督管理部门的工作人员在履行监督管理职责中，玩忽职守、滥用职权、徇私舞弊的，尚不构成犯罪的，依法给予处分。违法追责，违反地方安全立法相关规定，给他人造成损害的，依法承担民事责任。构成违反治安管理行为的，依法给予治安管理处罚；构成犯罪的，依法追究刑事责任。

第十编　数权法

从农耕文明到工业文明再到如今的数字文明，人类从"君权""物权"迈向"数权"时代，法律完成了从"人法"到"物法"再到"数法"的巨大转型。数权法是人类迈向数字文明的新秩序，是时代进化的产物。

共享开放是数据的核心价值，也是其基本规律。数权的本质是共享权，往往表现为一数多权，不具排他性。数权法约束的客体是特定的数据集，主要规范的是数据权的权属问题。数据权既包括以国家为中心的数据主权，也包括以个人为中心的数据权利。数据主权指向的是公权力，核心是数据管理权和数据控制权。数据权利指向的是私权利，核心是数据人格权和数据财产权。在数据权的构建过程中，国家数据主权的存在是以维护个人的数据权利为前提的，主要目的是为了保障数据被合理地使用，以防"权力天然扩张性"的禁锢而导致数据无法被高效利用的情形。

在国内层面，数权法的确立将是维护数据安全、保护数据主体的合法权益，规范数据参与者的行为，促进行业健康发展的重要法律依据。在国家层面，数权法的出台则是维护国家数据主权、网络主权，巩固国际合作关系。

一、数字文明新秩序

法律的起源与文明的出现相伴而生，地中海沿岸是人类文明的发源地，也是世界法律的起源地。从身份到契约，从农耕文明到工业文明再到如今的数字文明，人类从"君权""物权"迈向"数权"时代，法律完成了从"人法"到"物法"再到"数法"的巨大转型。农耕文明时代创造财富的驱动力主要是体力，工业文明时代创造财富的驱动力主要是脑力，数字文明时代创造财富的驱动力主要是数据。数字文明是一种新的文明形态，如果说今天看一个行业有没有发展潜力和前途，就看它离大数据有多远；那么，考察一部法律能否实现公平正义，对数据权属、数据保护、数据利用的规制则是核心要素。

（一）农耕文明与"人法"

西方文明最古老的观念之一无疑是，"正如尘世的君主颁布了实在法让人们遵守，天界至高的理性造物主也颁布了一系列的法让矿物、晶体、动植物和星辰遵守"。[一]农耕文明时代，法律主要以适应君主政体为需要，这时所产生的法律是君主（王）个人专制意志的体现，"人法"因时因地而变。"立法者的意志可以体现在他所颁布的法令中。这些法令不仅包括以远古民俗为根据的法令，也包括他认为有利于国家更大福祉（或统治阶层更大权力）的法令，后者可能并不以风俗习惯或道德规范为根据。这种'实在'法带有世间统治者发号施令的性质，服从是义务，违法则会受到明确规定的制裁。"[二]这个时期，"身份法"占据主导地位。同时，"刑法"体系相对发达，以满足维护社会秩序需要。传统农耕文明国家的政治现象是有法律而无法治，原因是所有的国家职能权力都集中在一个人身上。

（二）工业文明与"物法"

工业文明创造了比农耕文明更为公正、更为有效、更为完善的制度体系，法治国家伴随着工业文明的出现而出现。农耕文明的"人法"地位逐渐被工业文明的以保障私权为核心的"物法"所取代，法律完成了"从身份到契约"的大转型，产生了宪法、民法、国际法等以约束公共权力、保障个人权利、调整国家冲突为目的的法律体系。2007年，事关全体人民切身利益的《中华人民共和国物权法》（以下简称《物权法》）正式施行，标志着中国

[一] 李约瑟著，张卜天译，《文明的滴定》，商务印书馆。
[二] 李约瑟著，张卜天译，《文明的滴定》，商务印书馆。

进入了新的物权时代。

我国的物权法是社会主义法律体系中的重要组成部分，物权法的制定与颁行对法治进程具有里程碑意义。《物权法》第二条规定"本法所称物权，是指合法权利人依法对特定的物享有直接支配和排他的权利，包括所有权、用益物权和担保物权。"所有权包括动产所有权和不动产所有权；用益物权包括土地使用权、国有资源用益权、相邻权；担保物权包括抵押权、质押权和留置权。"特定的物"在民法上，指人体之外能满足人的需要并为人能够支配的具有经济价值的体物或自然力。这种物必须具备五个特征，一是必须在人体之外的，客观存在的物。二是要能够被人所支配和控制的物。三是能满足人类需求的物。四是要具有经济价值的物。五是能够独立成一体的物。物权通俗的说法，"物"主要指人身财产，而"权"主要指财产的主人自由支配其财产并排除他人干涉的权利，也就是说物权就是有形的财产权，是一种可见、可触、可靠的现实财产权。

"物法"调整对数权保护缺乏规制，大数据一直游离于"灰色地带"。物权法在数据权利保护问题上有其局限性，数据纠纷又缺少与新型法律体系的接口，而独立形成一种新型纠纷。物权法是工业文明时代的产物，在强调数字文明的当下，对原有保护规则进行必要的变通是无法阻挡的趋势。

㊀ 《中华人民共和国物权法》。

（三）数字文明与"数法"

当前，我们正处在一个前所未有的大变革、大转型时代。继农耕文明、工业文明之后，人类又构建了一个崭新的秩序形态——数字秩序，一个崭新的文明形态——数字文明。这一次的文明跃迁像一场风暴，荡涤着一切旧有的生态和秩序，对社会存在与发展形成颠覆性地改变。数据权利化思潮空前活跃，数据的实时流动、共享构成一个数据化的生态圈，数据力与数据关系影响着社会关系。由于这种力量的相互影响，整个社会生产关系被打上了数据关系的烙印，这将引发整个社会发展模式和利益分配模式前所未有的变革和重构。影响所及远不止法律，而是对整个社会的政治、经济、文化、科技……进行全面改造。数字文明带给我们的不仅是新知识、新技术、新视野，它还将革新我们的世界观、价值观和方法论。数字文明时代，绝大多数的法律规范都将发生根本性变化。

数字时代，人类开始对工业文明进行反思，开始重新认识人与数据的关系，质疑"经济人"的理性，考量"数据人"[○]的权利问题。数字文明是一个无所不在的连接型时代，是一个基于大数据、云计算、物联网、区块链等新兴数字技术的智能化时代。数字社会的网状结构特征决定了其内在精神：开放、平等、自由、协作、交互、共享，这些特点奠定了数字文明时代以人为本的生

○ 数据改变了人类社会的沟通和认知方式，未来所有的人和物都将作为一种数据而存在，作为一种数据而联系，作为一种数据而共同创造价值。在大数据作用下，自然人会演化为数据化的人，即"数据人"。

态底色，也决定了这个时代的核心特点：共享，这一特点表征在数据权利上就是共享权。数据与法治的联姻，是这一文明形态的重要标志。数权法是文明跃迁的产物，也将是人类从工业文明向数字文明变革的新秩序。

二、数权与数权法

（一）数权的提出

物权是对物的支配与人与人之间关系的结合。我国2007年颁布的《物权法》第二条明确规定，"本法所称物权，是指权利人依法对特定的物享有直接支配和排他的权利"。这在法律上明确了物权的概念，表面上体现为人对物的支配，实际上是人与人关系的反映。其一，从本质而言，虽然物权是权利人直接支配特定物和排他的权利，但物权本质上不是人对物的关系，而是人与人之间的法律关系。其二，物权是权利人对特定物所享有的财产权利，物权在性质上是一种财产权，但它只是财产权的一种，是财产权中的对物权，区别于其中的对人权即债权。其三，物权只要是一种对有体物的支配权，即物权人可以完全依靠自己的意思，而无须他人意思的介入或辅助就可实现自己的权利。

物权关系作为一种法律关系，具有不同于其他财产法律关系的特征。第一，物权的主体是特定的权利人。在西方国家，由于其物权法主要以私有财产为核心来构建物权法的体系，不存在国家所有权与集体所有权主体的界定问题，因而通过自然人、法人的概念基本可以概括物权主体。而我国的所有权形态既包括国家所有权、集体所有权，也包括私人所有权，因此我国《物权法》将物权的权利主体表述为权利人，在物权关系中，权利人是特定的。第二，物权的客体主要是特定的有体物。与知识产权等财产法律关系不同，物权主要不是以无形财产、智力成果为客体，而主要是以有体物作为其客体的。第三，物权本质上是一种支配权。物权人对物享有的支配权直接决定了物权的各项效力，物权的优先性等效力均来自于法律将某物归属于某人支配，从而使其对物的利益享有独占的支配并排他的权利。第四，物权是排他的权利。只要符合物权的生效条件，物权就能有效地设立和变动，物权人即使未实际占有和控制某物，也应享有对该物的所有权或其他物权。

"数据"不是民法意义上的"物"，即非物权客体，物权法无法适用于数权的保护。随着大数据时代的来临，数据成为一种独立的客观存在，成为物质世界、精神世界之外的一种新的信息世界。此外，数据还成为一种在土地、资本、能源等传统资源之外的一种新资源，这种新资源已成为新时代的标志，成为煤炭、石油之后的新宝藏。笼统地讲，数据是使用约定俗成的字符，对客观事物的数量、属性、位置及其相互关系进行抽象表示，以适合在特定领域中用人工或自然的方式进行保存、传递和处理。大数据时代，数据更多指的是数字化的符号，形式上表现为电磁记录，并不具有物质形态，自然非有体物，亦非电力、风力、能源等自然力。虽然其储存和传输会占用一定"空间"，但并不是物质空间，是附着于特定物上的虚拟符号。[○]从《物权法》的调整范围来看，主要调整因有体物产生的财产归属和利用关系。而数据的所有权、知情权、采集权、保存权、使用权以及隐私权等，构成了每个公民在大数据时代的新权益，这些权益的滥用也必然引发新的伦理危机。

数权在性质上属于一种集人格利益与财产利益于一体的综合性权利，既包括了精神价值，也包括了财产价值。人权的实质是对现实的个人价值与尊严、人格与精神、生存与生活、现实与理想、命运与前途的真切关怀，是为个人提供一种追求幸福生活的可能，为之创造必要的条件。生命权是人作为生物体存在的基础，自由权是人作为独立的人格体存在的基础，而财产权则构成了生命权、自由权的物质基础和实现条件。可以说，没有财产权，人权就缺少了实际内容和实现途径。物权不过是财产权的一种，财产权是上位概念，而物权是下位概念，两者绝不可完全等同，相互替代。数据作为一种特殊的存在物，权利主体既享有数据的人格利益，又享有数据的财产利益。

数权的主体是特定的权利人。权利人包括各类数权的主体，如国家所有权人、集体所有权人、私人所有权人等。另外，在具体的数权法律关系中，权利人都是指特定的权利人。例如，数据采集权、数据可携权、数据使用权、数据收益权、数据修改权等，在具体数权形态中，需要结合具体的数权形态和规定内容确定具

○ 邹沛东，曹红丽，《大数据权利属性浅析》，《法制与社会》发表。

体的物权人。在数权法中，权利人包括自然人和法人，但又不限于这两类主体。因为作为国家所有权主体的国家是不能归属于法人概念范畴的，另外，有些集体经济组织，如村民小组也无法以法人的概念涵盖，但采用权利人的概念就可以将各类民事主体概括进来。在物权法中，还有一些组织，如业主会议等，既不是自然人也不属于法人，但仍然可以享有一些实体权利，可以作为权利人存在。随着社会经济的发展，也可能会出现一些新的物权人，即使无法被归入自然人或法人的范畴，也可以以权利人来概括。

数权的客体是特定的数据集。物权客体的具体特征除了有体物这一特征外，还具有如下具体的特点：物权的客体是特定物，特定物是指具有单独的特征，不能以其他物代替的物。物权的客体是单一物，是指在形态上能够单独、个别的存在的物；物权的客体是独立物，是指在物理上、观念上、法律上能够与其他物区别开来而独立存在的物。而对数据而言，单个数据仅是毫无意义的数字符号。单一独立存在的数字不具有任何的价值，只有按一定的规则组合成具有独立价值的数据集才有特定的价值。从原则上说，由于数据集中的单个数据不具有独立价值，不构成"一数一权"的规则，不能将数据集中的各个数据作为分别的所有权客体对待。从价值上看，数据集能够形成单一的价值，其原因在于数据集中各个数不具独立性，数与数之间的结合才形成独特价值，所以对各个数不能单独支配，只要一个数的缺失或集合结构的变化，都会使得数据集的价值发生变化。

数权的本质是共享权，往往表现为一数多权，不具排他性。

支配权是物权的本质特征，权利人对物的直接支配，主要表现为：一是主体对于客体控制的直接性，就是无须任何的媒介物，主体就能够将其意志作用于作为客体的物；二是主体对于客体控制的现实性，这种控制状态既包括事实上的控制，也包括法律上的控制；三是物权中的支配既包括对特定的动产和不动产的使用价值的支配，也包括对物的交换价值的支配。物权具有所有权的排他性，即同一物之上不得存在两个所有权，任何人都负有不妨害权利人对物的独占的支配权。而数据有无限可复制性，且复制几乎不产生新的成本，可以存在一数多权，数据持有人可以对复制的数据具有现实、直接的控制。

数权包括人格权与财产权。数权包括人格权与财产权。数据人格权的核心价值是维护数据主体之为人的尊严。大数据时代，个人会在各式各样的数据系统中留下"数据脚印"，通过大数据的整合分析还原一个人的生活并非难事。承认数据的人格权就是强调数据主体应得到他人的尊重，享有自由不受剥夺、名誉不受侮辱、隐私不被窥探、信息不被盗用的权利。另外，数据已发展成重要的社会资源，"数据有价"，有必要赋予数据财产权，保护数据财产。数据财产作为新的财产客体，应具备确定性、可控制性、独立性、价值性和稀缺性五个法律特征。数据财产权是权利人直接支配特定的数据财产并排除他人干涉的权利，它是大数据时代诞生的一种新类型的财产权形态，数据财产权人对自己的数据财产享有占有、使用、收益、处分的权利。

数权包括公权与私权。在西方国家，不存在国家所有权与集体所有权主体的界定问题，因而通过自然人、法人的概念基本可以概括立法主体。而我国的所有权形态既包括国家所有权、集体所有权，也包括私人所有权，因此单纯依靠民法总则关于民事主体的规定不足以确定各类所有权及其他物权的主体。公权以权力为本位，规范处于隶属型的主体之间的权力服从关系，是利用国家权力，宏观调整社会财富分配，调整国家与公民的关系的法律，集中体现了公权力对社会的干预。私权则以权利为本位，规范处于平权型的私人之间的相互关系，遵循当事人意思自治原则，确立财产所有权，保障自身利益的追求，主要体现的是私人之间的自由意志。在我国，数据控制的主体多样，包括个人、法人、公共机构、政府等，所以在数权立法上既需要公法规制，也需要私法规制。

（二）数权的规制

数权法是调整数据权属、利用和保护的法律制度。数权制度主要包括数权法定制度、所有权制度、公益数权制度、用益数权制度和共享制度。

数据权属。数据确权是数权保护的逻辑起点，是建立数据规则和数据秩序的前提条件，是数据法律制度的基础性问题。数据归属权亟须界定。由于数据权属界定不明确而导致的法律空白已成为我国大数据开发利用工作的瓶颈之一。《中国信息资源开发利用指数报告》显示，2013年我国各省（市、自治区）政府数据的开发利用指标均值为29.83，不足最高值（100.00）的1/3，相对于2009年的均值32.09，还下降了2.26个百分点。[一]这表明我国政府数据开发利用的整体水平偏低，个中原因主要是数据权属立法的缺失，公开主体对自身权利和义务有诸多不确定与顾忌，严重影响了政府数据开发利用的广度与深度。在我国，学界从不同角度、不同层面、不同学说对数据权属进行了探讨，但认识尚未统一，未能形成共识。

有学者提出，数据所有权的归属：一是归被记录方所有，因为数据所记载的信息是被记录方属性的客观真实的记录，离开被记录主体，数据就失去价值；二是归记录方所有，因为记录方花费大量投资于数据的收集和整理，从保护投资促进行业发展的角度，数据所有权应归记录方所有。

中国人民大学教授、中国民法学研究会副会长杨立新认为，衍生数据和数据的二次开发所产生的价值应当属于数据整理收集者，承认数据的知识产权也便于更为有效地保护数据整理、分析者的利益。

中国信息通信研究院王融将数据分为个人数据、政府数据和商业数据，分别对各类数据权属进行了划分。个人数据是与个人相关的，能够识别个人身份的数据。权利数据人格权，财产权益归于本人。政府数据是政府或公共机构依据职责所生产、创造、收集、处理、存储的大数据，可包括个人数据和商业数据。权利

○一 中国人民大学数据工程与知识工程重点实验室，《中国信息资源开发利用指数报告2013》。

属于知情权、访问权，财产权益归于公众。商业数据包括原生数据和衍生数据，原生数据是不依赖于现有数据而产生的数据，衍生数据是指原生数据被记录存储后经过算法加工、计算、聚合而成的数据。权利有知识产权、商业秘密、市场竞争合法权益，其中前两者财产权益归属于权利持有人，市场竞争合法权益的财产权益归属于企业。

中央财经大学法学院吴韬教授总结了目前法学界关于数据权属的主流观点：新型人格权说、知识产权说、商业秘密说和数据财产权说。

新型人格权说。 人格权是传统的民事权利类型，包括姓名权、肖像权、隐私权等具体的权利。应为个人数据创设一种新型人格权——个人信息资料权，个人数据作为个人信息资料权的客体。这个立论从以下几个方面展开：首先，传统的人格权主要保护精神利益，从而与保护财产利益的财产权相区分。随着人类经济社会的发展，逐渐出现了人格权商品化的现象。其次，隐私权制度不足以保护个人数据信息，隐私权保护的客体是隐私，但是隐私的外延又十分不确定。应为个人数据专门创设一个新型人格权，即"个人信息资料权"。个人信息资料权保护人格的精神利益和财产利益的统一，同时，精神利益和财产利益可以加以区分，其中的财产利益受到非法侵害时，损失可以市场价格计算。

知识产权说。 针对数据库和数据集的不同情况，分别用著作权和邻接权制度对之予以保护。对于选择和编排上有独创性的数据库或数据集，可以将其视作汇编作品，考虑用著作权制度进行保护。对于不具独创性的数据库和数据集，则可以考虑通过邻接权制度加以保护。

商业秘密说。除了具有商业价值外，商业秘密还具有非公开性和非排他性，这三个特征又紧密联系。由于具有占有控制上的非排他性，因此，一旦公开，被其他主体知晓，它对于原权利人的商业价值也就随之丧失。在这一点上，显然与传统的知识产权不同。在特定情形下，数据的确可以当作商业秘密看待。数据具有经济价值，而且也具有非公开性和非排他性。数据一旦被他人掌握，就意味着失控，他人对数据也就取得了同样的权能。

数据财产权说。数据是一种新型的财产，不宜用既有的人格权、知识产权、商业秘密保护制度对其施以合理保护；应在立法中增设一种数据财产权。数据财产权有如下几个特征：第一，权利属于数据持有人或者数据控制人；第二，数据财产权是一种不完整的所有权。

上述关于数据权利和权属的观点并不能涵盖全部，但具有典型性和代表性。传统权利类型各有各的关注点，但是都不能完全覆盖全部的数据形态，会导致数据财产的完整性。数字时代的特点是多向、动态的，数据权利设计不能只体现为初始数据单边的财产权配置问题，更应当同时反映动态结构和目的。数据的权利体系是一种双层权利体系。底层是原始数据权利，这种权利的权能以知情同意为核心；顶层是合法的数据集持有人或者控制人的数据财产权，是一种受到底层权利限制的准财产权。

数据利用。数据创造价值，创新驱动未来。着力开发大数据的商用、政用和民用价值，以大数据引领经济转型升级、提升政府治理能力、服务社会广大民生。一是要坚持数据开放与数据安全并重的原则。既要加快推动数据共享开放和开发利用，又要强化重要信息系统和数据保护，提高数据治理能力，保障数据安全。二是要坚持依法运行与促进发展并行的原则。既要在治理方式上结合应用技术、法律和行政手段，又要确保数据市场的依法运行，各利益相关主体共同促其发展。三是要坚持审慎监管与保护创新并举的原则。既要切实加强数据市场的法制和监管，又要在不发生系统性风险底线的前提下，本着积极、审慎的方针稳步推进数据领域创新能力的建设。

数据的政用价值。推进大数据在政府治理现代化过程中的应用，助力简政放权，实现权力运行监督的信息化、数据化、自流程化和融合化。推进经济运行监测分析大数据应用，实现对经济运行更为准确的监测、分析、预测、预警。推进市场监测监管大数据应用，建立健全政府监管、行业自律、网站自律、社会监督、信息披露五位一体的监管体系。推进信用建设大数据应用，完善社会征信体系建设。在促进数据政用过程中，应坚持审慎监管和创新应用的原则，坚持保护中利用、利用中保护的原则，遵循合法、正当、必要的原则，明示收集、使用数据的目的、方式和范围。

数据的商用价值。大力发展以数据存储、云计算、数据加工与分析、数据流通和交易、大数据安全等为代表的大数据核心业态，以知识外包、流程外包、生产外包等服务外包和电子信息关键部件、智能终端产品制造等为代表的大数据关联业态，以电子商务、大数据金融、智能制造等为代表的大数据衍生业态。利用大数据推动金融、商贸流通、生活服务等服务行业融合发展，创新商业模式、服务内容和服务业态，全面构建以数据驱动发展的数字经济体系。但发展数字经济，安全保障是底线，要处理好安全和发展的关系，做到协调一致、齐头并进，以安全保发展、以发展促安全。

数据的民用价值。 结合新型城镇化发展、信息惠民工程实施和智慧城市建设，围绕服务型政府建设，在公用事业、城乡环境、健康医疗、养老服务、文化教育、交通旅游、社区服务等领域全面推广大数据应用，构建以人为本、惠及全民的民生服务新体系，优化公共资源配置，提升公共服务水平，不断满足人民群众日益增长的个性化、多样化需求。大数据推动了人类社会实现从思维方式到生产、生活方式的重大变革，但仍需突破政府数据开放共享不足、产业基础薄弱、缺乏顶层设计和统筹规划、法律法规建设滞后、创新应用领域不广等问题的制约。

数据保护。目前，我国在数据保护方面的政策法规还付之阙如，建章立制也并非朝夕之间即可完成。数据保护，主旨是要确认数据为独立的法律关系客体，奠定构建数据规则的制度基础。数据保护原则通过明确数据的法律性质和法律地位，从而使数据成为一种独立利益而受到法律的确认和保护。对数据进行保护的目的在于实现数据的保护与数据自由流通、合理利用这两大利益之间的平衡。一方面在于创设规则，确认数据之上的权利；另一方面在于创设和搭建数据平台，促进数据的自由流通和利用。

数据主权保护。数据主权原则指的是一国独立自主地对本国数据进行占有、管理、控制、利用和保护的权力。数据作为国家的基础性战略资源，事关国家安全、公共安全和社会公共利益。大数据时代，各国在国家建设、经济发展、社会稳定等方面对数据资源的依赖越来越大，对数据的占有和利用成为国家间竞争和博弈的关键力量。

数据流通保护。数据自由流通，即法律应该确保数据作为独立的客体能够在市场上自由流通，而不对数据流通给予不必要的限制。数据自由流通数据作为现代社会生产过程中的基本要素，是社会赖以维系的根基，是人类发展和进步的客观要求。只有贯彻数据自由流通原则，才能保障在制度框架内的数据共享，才能消除数字鸿沟，建立数据共享的新秩序。

数据安全保护。即通过法律机制来保障数据的安全，以免在进行数据采集、存储、流通、应用等相关活动时发生数据被攻击、泄露、窃取、篡改、非法使用的情况。从安全形态上讲，数据安全包括数据存储安全和数据传输安全；从内容上讲，数据安全可分为信息网络的硬件、软件的安全，数据系统的安全和数据系统中数据的安全；从主体角度看，数据安全可以分为国家数据安全、社会数据安全、企业数据安全和个人数据安全。为保障数据安全，应当依照法律法规的规定和国家标准的强制性要求，采取技术措施和其他必要措施，有效应对数据安全事件，防范数据违法犯罪活动，维护数据的保密性、完整性和可用性。

（三）个人信息与隐私权

世界隐私组织认为，隐私的概念是和数据保护相结合的，也就是和管理个人信息相结合。"在所有国际上有关人权的范畴中，隐私可能是最难以定义的。隐私的定义因为背景和环境的不同有着很大的变化。其将隐私权分成四种独立却又相互联系的类别，包括信息隐私、身体隐私、通信隐私和地域隐私。其中信息隐私涵盖对规范个人数据的收集、处置的相关制度，如信用信息、医疗信息。政府作为社会的管理者和服务者，是公民个人信息的最大消费者。毋庸置疑，公民对个人信息拥有绝对权利，政府机关不能因为占有就享有对公民个人信息的支配权，而要受到公民的限制和监督。个人信息与隐私权最终体现的是对人权的保护，在法理上具有立法保护的正当性与必然性，其法律地位无可撼动。"[一]

个人信息与隐私权是大数据时代的核心问题，在数据开放过

[一] 2015年9月，国务院印发《促进大数据发展行动纲要》，研究推动网上个人信息保护立法工作，界定个人信息采集应用的范围和方式，明确相关主体的权利、责任和义务，加强对数据滥用、侵犯个人隐私等行为的管理和惩戒。2017年3月15日第十二届全国人民代表大会第五次会议通过的《民法总则》第一百一十一条规定，自然人的个人信息受法律保护。任何组织和个人需要获取他人个人信息的，应当依法取得并确保信息安全，不得非法收集、使用、加工、传输他人个人信息，不得非法买卖、提供或者公开他人个人信息。这一规定，让个人信息和隐私权有了更好的权威保障。个人信息保护写入《民法总则》，迈出了我国个人信息保护立法的重要一步。2017年3月21日最高人民法院表示，《最高人民法院、最高人民检察院关于办理侵犯公民个人信息刑事案件适用法律若干问题的解释》将适时发布。《解释》将明确侵犯公民个人信息罪的定罪量刑标准；同时包括侵犯公民个人信息犯罪所涉及的宽严相济、犯罪竞合、单位犯罪、数量计算等问题。

程中，应该明确个人隐私权至高无上的地位。法律有原则必有例外，公权力有合理利用公民个人信息的权力，关键在于个人信息的保护与利用两个维度的利益衡量。个人信息与隐私保护在遵循一些基本原则的同时，也应该设置相关的例外情形，以平衡个人信息保护与行政管理的需要。

个人信息与隐私保护的基本原则

原则	具体内容
原则一	政府机关不应该保有秘密的个人信息记录
原则二	个人有权知道自己被政府机关记录的个人信息及其使用情况
原则三	为某一目的而采集的个人信息，未经本人许可，不得用于其他目的
原则四	个人有权查询和请求修改关于自己的个人信息记录
原则五	任何采集、保有、使用或传播个人信息的政府机关，必须保证该信息可靠地用于既定目的，合理地预防该信息的滥用

应该说，以上的原则是十分明确的。一方面，它们赋予公民对自己个人信息的绝对权利，也就是承认，这些信息虽然由政府掌握，是政府信息，但公民仍然保留对这些个人信息的权利；另一方面，对行政机关的行为做出限制，行政机关不能因为占有这些信息就享有对信息的支配权，而是受到公民个人的限制和监督。

禁止披露个人记录的原则和例外。政府机关在尚未获得公民许可前，不得披露该公民的个人信息记录。与此同时，应规定政府机关可以披露的个人记录，无须本人同意的例外情况，如行政需要、执法需要和紧急情况等情形。在规定例外情形的同时，政府机关根据例外披露个人记录时，必须将披露的时间、性质、目的、获取记录者的姓名和地址登记在案，并至少保存一定的年限。除非是向执法机关披露，被记录者有权取得政府机关制作的关于本人记录披露情况的登记。

采集信息的限制。首先，政府机关必须用正当合法的手段和程序制作、保有、使用和公开个人记录。其次，政府机关搜集个人信息，如果可能导致对被记录者做出不利的决定时，必须尽可能地由其本人提供。再次，政府机关要求提供个人信息时，必须对提供信息者说明下列事项：行政机构要求提供信息的法律依据，以及个人是否必须公开这项信息；该项信息主要用于什么目的；该项信息的常规使用；个人全部或部分地拒绝提供政府机关所需信息的法律后果。

保有和使用记录的限制和要求。首先，政府机关只能在执行职务相关和必要的范围内，保有个人记录。其次，个人的宗教信仰、政治信仰和政府机关执行公务无关，禁止政府机关保有这些方面的个人记录。与此同时，政府机关在保有和使用个人信息记录时，必须遵守以下规范：保有个人记录的政府机关必须保证记录的准确性、适时性和完整性。政府机关所保有的个人记录，在诉讼程序中，由于法院的命令而对其他人强制公开时，政府机关有义务通知被记录人。政府机关必须建立行政的、技术的和物质的安全保障措施，以保障个人记录的安全、完整和不被泄漏，并防止其他可能对被记录者产生损害的危险。为了确保执行，政府机关必须规定个人行使权利的程序。

公民查询与修改记录的权利。 个人有权知道政府机关是否保有本人记录以及记录的内容，并要求得到复件。除非此项记录符合该法规定的免除适用情况，或者系政府机关为起诉某人而编制，政府机关不得拒绝个人的请求。个人认为关于自己的记录不准确、不完整或已过时，可以请求政府机关修改或删除。个人请求修改的信息限于记录中的事实，不包括相关的意见。

三、数权立法的贵阳实践

作为国家大数据（贵州）综合试验区的核心城市，贵阳市以立法引领制度创新，在短时间内建立大数据的立法体系，奠定试验区立法的基本框架，形成一批可复制、可推广的新制度。贵阳市大数据五年地方立法重点项目包括政府数据共享开放、数据安全、大数据医疗管理、大数据交易管理、数据资源权益保护等方面的地方立法问题。在数据权立法方面，贵阳市已经走在了先行先试的道路上。

（一）政府数据共享开放条例

政府数据共享开放和应用已成为各级各部门推动自身管理变革和提升公共服务水平的前提和基础。但政府数据共享开放还存在顶层设计不完善、部门壁垒、供给与需求脱节、安全保障不够等诸多问题，一定程度上阻碍了政府数据共享开放的顺利推进。

为了有效解决这一系列问题，通过立法建立政府数据共享开放管理机制，明确相关部门职责，建立共享开放平台、规范数据采集汇聚、明确数据共享开放范围边界及使用的具体要求，加快推动政府数据共享开放进程，助力简政放权，提高行政效率，推动政府数据资源优化配置和增值利用，充分发挥政府数据共享开放在深化改革、转变职能、创新管理中的重要作用，提升政府治理能力和公共服务水平，增强政府公信力，进而加快法治政府建设。

加强重点领域数据共享开放。政府数据的共享开放，不仅可以提高政府透明度，还能提升政府治理能力和效率，同时能更好地满足公众需求，促进社会创新，带动经济增长。从各国开放数据门户情况来看，围绕民生需求的数据在开放数据中比重最高，也颇受用户欢迎，但是民众关注的热点与国家的社会体制和经济发展情况密切相关。政府数据的共享开放应首先选择民众关注的重点领域的数据进行共享开放，才能促进数据使用的频率，进而实现共享开放政府数据的价值最大化。

实现共享、开放平台互联互通。贵阳市政府数据共享交换平台是满足全市行政机关之间数据共享交换和业务协同需求的数据资源管理平台。贵阳市政府数据开放平台主要是汇聚全市可开放政府数据资源的载体，推动政府数据资源优化配置和增值利用。立法明确规定政府统筹建设市级政府数据共享平台和市级政府数据开放平台，用于汇聚、存储、共享、开放全市政府数据及其他数据。同时，要求行政机关应当将本部门业务信息化系统都纳入共享开放工作范围统筹管理，与共享平台和开放平台对接，提供符合相应技术标准的访问接口，并与国家、省的共享开放平台互联互通。

建立政府数据共享开放目录。政府数据共享开放的一个阻碍因素就是部门内部都不知道自己掌握了哪些数据，更不清楚哪些数据可以共享，哪些数据可以开放，为避免麻烦和责任最终导致行政机关不愿意共享开放。而目录管理可以有效地帮助行政机关了解自身有哪些数据，并对自身数据进行分类，哪些数据可以共享，哪些数据可以开放，让行政机关对自己的数据做到心中有数。通过立法明确行政机关按照自己法定的职责，编制和更新本部门政府数据共享、开放目录，报送同级人民政府审核。汇总、更新和公布全市政府数据共享、开放总目录的工作，则由大数据行政主管部门负责。

创新政府数据共享开放方式。政府数据是各个行政机关使用公民税收等财政收入为经费，以履行各自职责为途径收集的，行政机关只有管理权和控制权，并没有收益权，故在共享开放过程中不能以商业盈利为目的收取任何服务费用。贵阳市以无偿服务为前提，通过创新共享开放方式，让政府数据产生的红利充分释放到社会中。针对有条件共享和有条件开放的政府数据，数据需求方可以通过依申请共享和开放的方式，向数据提供方申请需求的数据。一是申请过程中可以对数据需求方使用数据的条件进行审核，验证其是否满足开放要求；二是可以对数据资源的使用情况进行跟踪和追溯，保障数据的安全可控以及为监管部门问责时提供法律依据。

实行数据共享开放保密审查。《中华人民共和国保守国家秘密法实施条例》（国令第646号）规定了机关、单位不得将依法应当公开的事项确定为国家秘密，不得将涉及国家秘密的信息公开。在立法中采取相关标准的政府数据的分类分级原则和方法，明确了政府数据的脱敏需求、脱敏原则、脱敏方法和脱敏过程。规定数据相关方应当遵守有关保密法律法规的规定，在数据共享开放工作中应承担相关保障责任，对拟共享开放中涉及公民个人隐私、国家安全等重要领域的政府数据须进行脱敏、脱密处理和严格审查。

（二）数据安全条例

数据安全是一个关系国家主权和安全、社会稳定，以及经济发展和文化传承的重要问题。数据安全是数据自由的保障，是确保数据自由流通和自由共享的关键。建立数据安全法律保障的目的不仅是在给予数据充分有效的保护，同时也能促进数据自由的开发、流通和利用，从而实现两者利益之间的合理平衡。

明确数据安全的监管主体。在立法中明确公安机关作为数据安全监管主体开展数据安全监督检查指导工作。主要工作职责包括：一是统筹协调数据安全相关部门加强对数据被攻击、泄漏、窃取、篡改、非法使用等信息的收集、分析和通报工作，并统一发布数据安全风险预警。二是统筹建立数据安全应急工作机制，制定数据安全事件应急预案，并定期组织演练。三是建立数据安全咨询机制，组织专家开展对数据安全形势的分析研判。四是对数据安全重点监管对象定期开展数据安全监督检查工作。

保障数据全生命周期安全。影响数据安全的因素包括数据采集是否损害被采集对象的合法权益、数据内容自身是否加密、传输过程是否加密、处理过程是否采取防泄密措施、销毁过程是否存在防还原机制等，这就需要规避数据全生命周期涉及的风险。通过立法明确数据采集、存储、流通、应用等各环节中数据安全的范围边界、责任主体和具体要求，维护国家安全、公共安全和社会公共利益，保护公民、法人和其他组织的合法权益。

建立数据安全等级保护制度。数据遭受攻击、泄露、窃取、篡改、非法使用后，会对国家安全、公共安全和社会公共利益造成不同程度损害，在立法中实行数据安全等级保护，有针对性地选择重点数据重点保护。目前，信息安全等级保护制度已经出台，但数据安全不能完全使用信息安全等级保护制度作为保护依据，应该建立以数据为中心的等级保护制度，对数据分类、分级，并根据数据的等级确定数据的保护措施和系统的防护级别，有针对性地保护重点数据。

构建数据跨境流通规范体系。数据全球化趋势明显，数据跨境流通的安全问题越发凸显，"棱镜门"事件给各国敲醒了警钟，越来越多的国家开始对本国数据跨境流通进行规制。通过立法构建数据跨境流通规范体系，掌握跨境数据流通管理的主动权，是维护国家安全、公共安全和社会公共利益的重要保障。在立法中明确要求数据控制者、数据使用者按照相关法律法规规定进行数据的跨境传输。

强化监测预警与应急处置。 在立法中明确政府、大数据行政主管部门、公安机关的数据安全监测预警职责，制定数据安全事件应急预案，防范和削减数据安全风险。做好数据安全风险评估和风险管理工作，加强大数据环境下防攻击、防泄露、防窃取的监测、预警、控制和应急处置能力建设。为确保数据安全相关工作落实到位，规定建立健全数据安全工作监督检查机制，开展数据安全监督检查工作。

（三）大数据医疗管理条例

大数据已经应用在人类生活中的各个方面，给人类生活带来重要影响，在医疗卫生领域，各种信息系统在医疗机构的广泛应用以及医疗设备和仪器的数字化，使一元数据库的信息容量不断膨胀，这些宝贵的医疗信息资源对于疾病管理、控制和医疗研究都带来了巨大的价值。但这其中存在医疗数据安全、数据使用权限混乱、管理制度缺失、没有行业准入机制、缺乏统一标准等问题却制约了大数据医疗的发展。

保障个人医疗数据的安全。 与其他类型的大数据相比，大数据医疗中的数据几乎包含了公民的所有个人信息，从最为隐秘的身体、疾病信息，到个人生活轨迹，到住所、医疗保险、财产信息等。医疗数据和应用呈现指数级增长趋势，也给动态数据安全监控和隐私保护带来极大的挑战。在大数据医疗立法中，应从各个维度和环节充分保障医疗数据的安全，保护患者隐私。

推进医疗数据共享开放。 目前，医疗行业数据孤岛仍旧严重，只有数据实现有效汇集，挖掘分析才能充分利用医疗数据，实现医疗水平的整体提高。在立法上要完善数据共享开放支撑服务体系，建立"分级授权、分类应用、权责一致"的管理制度。坚持开放融合、共建共享。鼓励政府和社会力量合作，坚持统筹规划、远近结合、示范引领，注重盘活、整合现有资源，推动形成各方支持、依法开放、便民利民、蓬勃发展的良好局面，充分释放数据红利，激发大众创业、万众创新活力。

建立大数据医疗准入机制。目前，大数据医疗行业没有明确的行业标准和准入机制，导致大数据医疗行业混乱，医疗水平参差不齐。通过立法建立大数据医疗行业准入机制，规范大数据医疗应用领域的准入标准，建立大数据应用诚信机制和退出机制，严格规范大数据开发、挖掘、应用行为。对大数据医疗行业的企业、设备、服务开展评估，加强大数据医疗行业从业人员专业水平和服务素质的培训，整体提高大数据医疗的服务能力和水平。

构建大数据医疗标准体系。通过立法建立统一的疾病诊断编码、临床医学术语、检查检验规范、药品应用编码、信息数据接口和传输协议等相关标准，促进健康医疗大数据产品、服务流程标准化。数据采集及标准化是大数据医疗背后的基石，没有标准就没有统一的平台系统，应该建立面向不同主题、覆盖各个领域、不断动态更新的大数据建设标准，实现各级、各类健康医疗信息系统的网络互联、信息互通、资源共享，帮助快速整合各种来源的数据，并分析使用数据的质量；实施和相关标准兼容的数据模型和知识构架，确保不同临床系统和外部临床数据集市的一致性。

在数据隐私保护上，也需要对何种方式使用数据、谁使用数据、使用数据目的是什么等方面制定严格的标准。

（四）大数据交易管理条例

数据成为重要的国家资源和企业资源已经成为不争的事实，数据资源只有通过共享、开放、交易流通起来，才能释放出更大的价值。数据通过市场化的方式流通已经成为一种趋势，大数据交易顺势而生。但同时，如何通过法律来防范和规避数据交易中的法律风险，仍然是重大的政策和法律问题。

明确数据源和交易范围。 通过立法合法保障数据源的客观真实性和合法性，同时明确可交易数据的类型和范围，杜绝非法数据和"黑数据"的交易。真实的数据客观地决定了交易的品质，合法的数据决定了交易的合法性，这两项是大数据发展的基础和保障。如果数据本身真实性有待考究，而直接使用数据，无论计算精度多高，结果都是无意义的。"脏数据"无处不在，数据极易失真。同时，如果数据本身是非法所得，直接通过交易平台交易，则会导致非法采集个人数据成为常态。目前，个人信息非法窃取严重，没有需求就没有供给，断绝非法个人数据的交易，是杜绝非法采集的一条有效路径。

规范交易主体责任义务。 在立法中重点规范数据交易双方的合法交易行为，及其对交易的整个生命周期所负有的安全保护责任，采取必要措施，防范数据安全。在数据交易过程中，各个环节都涉及交易数据的安全，例如，在交易过程中的数据泄露问题，即大数据技术的背景下，海量数据的高度集中化存在一定程度的泄露风险。同时，随着数据量的不断增大，更容易遭到外界的攻击和侵入窃取，一旦攻击者将数据攻破，数据毫无安全可言。

赋予交易平台的监管职责。 大数据交易平台是数据交易的枢纽，明确大数据交易平台的法律地位有助于营造公平的数据交易环境，对规范和发展数据交易市场起着助推器的作用。在数据交易监管方面，一是要对数据交易活动进行监管，即从促进数据流动、维护数据安全的角度对数据交易行为进行管理；二是对企业的数据安全措施进行监管，即从交易和社会利益出发，对进行交易的质量进行监管；三是对理事单位进行监管。

确定数据权属和数据定价。 数据资产的权属决定了数据价值利益的分配以及对数据质量、安全责任的划分。在立法中明确数据相关权利的归属，数据主体与数据控制者、数据处理者各自的权利、责任和义务。确保数据各个主体的权益。在数据定价上，通过立法明确数据定价模式和收益分配规则，建立数据资产价值评估第三方机制，由有资质的机构进行价值评估，形成数据资产定价机制。

完善各方主体的法律责任。 数据主体、数据控制者、数据处理者、数据经纪人以及数据交易平台在内的数据交易相关主体，对其各自的数据交易行为承担相应的责任，对数据交易违约行为进行追责，在数据源质量、数据安全、数据扩散等方面的责任界定和处罚协议上，对监管机构的不作为做出明确规定，确保从事前预防、事中控制、事后追责三方面保护数据交易行为。

（五）数据资源权益保护条例

数据的战略地位无可厚非，已经上升到国家战略的高度，但在法律上，数据的地位还未明确。通过数据资源权益保护立法，明确数据在法律上的地位是推动数字经济、大数据发展的首要步骤，也是重要的步骤。

确定数据权利的归属。 从数据类型来看，在立法中应当明确政府数据、企业数据、公共数据、个人数据的权属及其权属内容，以及相关主体的保护义务和责任。从数据主体来看，重点规范数据主体、数据控制者、数据处理者和数据监管机构相应的数据权利及其义务责任。从数据权利来看，重点约束数据人格权和数据财产权下的数据知情同意权、数据修改权、数据被遗忘权、数据司法救济权、数据采集权、数据可携带权、数据使用权、数据收益权。

赋予数据权法律效力。 数据权更多的还在大家的讨论和研究中，处于权利的第一形态——应有权利。在一个国家，通过立法将"应有权利"上升为"法定权利"是必要的。法律的生命就在于它在具体行为中的运用，法律与权利具有不可分割性，在数据权应用权利向实有权利转化的过程中，法律体现的是它生命的最高价值。可以说，法律的主要功能就是为权利服务，在两种权利状态的转化中体现它的终极意义。

规范数据的权属流转。 规范大数据市场，通过立法解决数据权属问题主要体现在以下几个方面：一是明确共享开放数据的数据权属及权属转让和保护义务。二是规范大数据交易中数据相关权属的流转，买卖双方对交易数据拥有的合法权益和保护义务。三是通过数据挖掘和数据分析后，具备创新性的数据权属归属，及其相关收益权的归属。四是在数据服务外包中，双方对数据拥有的合法权利和履行的保密义务及其责任。在法律缺失的情况下，企业只能根据用户信息收集和使用的相关规定，通过用户协议，获得用户的授权。如果对数据的交易范围超出用户的授权范围，将面临侵权风险。

提供司法救济的途径。通过立法对数据主体的法律救济，主要以保障数据主体的合法权益来实现。法律的根本目的在于规范人们的社会行为，保障人们的合法权益。在社会活动中，存在着许多数据权利纠纷或权利冲突，并伴随着数据主体的数据权利受到侵害的现象。当数据主体的这些合法权益受到侵害时，只有通过一定的方式和法律依据来恢复受损害的权利并给予补救，这些法定的数据权利才能真正地实现，法律让数据权不再是纸上谈兵。

[1] 大数据战略重点实验室 . 块数据：大数据时代到来的标志 [M]. 北京：中信出版社，2015.

[2] 大数据战略重点实验室 . 块数据2.0：大数据时代的范式革命 [M]. 北京：中信出版社，2016.

[3] 高航，俞学劢，王毛路 . 区块链与新经济：数字货币2.0时代 [M]. 北京：电子工业出版社，2016.

[4] 中本聪 . 比特币：一种点对点的电子现金系统 . 巴比特，译 .2013.

[5] 张健 . 区块链：定义未来金融与经济新格局 [M]. 北京：机械工业出版社，2016.

[6] 工业和信息化部 . 中国区块链技术和应用发展白皮书 [R].2016.

[7] 谭磊，陈刚 . 区块链2.0[M]. 北京：电子工业出版社，2016.

[8] 张守坤 . 密码学货币及其在金融领域中的应用研究 [D]. 哈尔滨：哈尔滨商业大学，2016.

[9] 梅兰妮·斯万 . 区块链：新经济蓝图及导读 [M]. 万向区块链实验室，译 . 北京：新星出版社，2016.

[10] 贵阳市人民政府新闻办公室 . 贵阳区块链发展和应用 [R]. 2016.

[11] 支振锋 . 尊重国家网络主权 [N]. 人民日报，2016-02-17.

[12] 吕旭军 . 国家主权数字货币研究 [EB /OL]. 2017-02-16.http：//www.8btc.com/guo-jia-shu-zi-huo-bi.

[13] 李德雄 . 中国央行筹备数字货币 纸币生命进入倒计时？ [EB /OL].2016-11-23.http：//tech.163.com/16/1123/03/C6HC9UH300097U7R.html.

[14] 唐文剑，吕雯，等 . 区块链将如何重新定义世界 [M]. 北京：机械工业出版社，2016.

[15] 长铗，韩锋，等 . 区块链：从数字货币都信用社会 [M]. 北京：中信出版社，2016.

[16] 龚鸣 . 区块链社会 [M]. 北京：中信出版社，2016.

[17] 井底望天，武源文，史伯平，等 . 区块链世界 [M]. 北京：中信出版社，2016.

[18] 阿尔文德·纳拉亚南，约什·贝努，爱德华·费尔顿，等 . 区块链技术驱动金融：数字货币与智能合约技术 [M]. 林华，王勇，帅初，等，译 . 北京：中信出版社，2016.

[19] 唐塔普斯科特，亚力克斯·塔普斯科特 . 区块链革命 [M]. 凯尔，孙铭，周沁园，译 . 北京：中信出版社，2016.

[20] 徐明星，刘勇，段新星，等 . 区块链：重塑经济与世界 [M]. 北京：中信出版社，2016.

[21] 深圳前海瀚德互联网金融研究院 . 区块链金融 [M]. 北京：中

信出版社，2016.

[22] 英国政府.分布式账本技术：超越区块链 [N].万向区块链实验室，编译.2016-08-22.http：//doc.mbalib.com/view/bb2b77742d1c7a0dcb50c8263abae462.html.

[23] 高盛集团.区块链：从理论走向实践 [EB /OL].David.Li，译.2016-05-24. http：//book.8btc.com/gaosheng_blockchain_report.

[24] 麦肯锡大中华区金融机构咨询业务.区块链—银行业游戏规则的颠覆者.2016-06-02.

[25] IBM 商业价值研究院.做区块链银行的领头羊：开拓者制定游戏规则.2016.

[26] 林晓轩.块链技术在金融业的应用 [J].中国金融，2016（8）.

[27] 林小驰，胡叶倩雯.关于区块链技术的研究综述 [J].投融资与交易，2016（45）.

[28] 罗珉，李亮宇.互联网时代的商业模式创新：价值创造视角 [J].中国工业经济，2015（1）.

[29] 袁勇，王飞跃.区块链技术发展现状与展望 [J].自动化学报，2016（4）.

[30] 谢辉，王健.区块链技术及其应用研究 [J].信息网络安全，2016（9）.

[31] 蒋海.区块链：从信息传递到价值传递 [J].当代金融家.2016.

[32] 凌清.比特币的技术原理与经济学分析 [D].上海复旦大学.2014.

[33] 赵严冬.货币数字化研究 [D].长春：吉林大学.2013.

[34] 覃俊，康立山，等.电子文档时间戳的分布式时间链安全协议[J].计算机应用研究，2004（3）.

[35] Hanzi. 主权概念下的"政务链"雏形初现 [EB /OL].2017-01-03. http：//www.8btc.com/government-blockchain.

[36] 王莹.区块链重构信用体系 [EB /OL].2016-06-21. http://www.yicai.com/news/5031213.html

[37] Florian Glatz. 什么是智能合约？ [EB /OL]. 少平，译. 2014-12-14. http：//www.8btc.com/what-are-smart-contracts-in-search-of-a-consensus.

[38] 杨嵘均.论网络空间国家主权存在的正当性、影响因素与治理策略 [J].政治学研究，2016（3）.

[39] 梅海涛，刘洁.区块链的产业现状、存在问题和政策建议 [J].电信科学，2016（11）.

[40] 赛智区块链.《贵阳区块链发展和应用》白皮书系列分析（6）[EB /OL]. 2017-01-09.http：//www.cbdio.com/BigData/2017-01/09/content_5426899.htm.

[41] 秦谊.区块链技术在数字货币发行中的探索 [J].清华金融评论，2016（5）.

[42] 钱晓萍.对我国发行数字货币几点问题的思考 [J].商业经济，2016（3）.

[43] 温晓桦.央行数字货币研究报告：法定数字币势在必行，或先应用于票据领域 [EB /OL]. 2016-09-06.http：//www.leiphone.com/news/201609/lSiy9lSAZa7fGtk2.html.

[44] FTP 应用 . 央行范一飞：中国必须以法定数字货币为主导，不限制私人部门类数字货币发展 [EB /OL]. 2016-09-02.http：//www.52114.org/wx/show-1914273.html.

[45] 互金咖 . 央行数字货币原型方案初定 改变世界的应用 [EB /OL]. 2016-12-28.http：//mt.sohu.com/business/d20161228/122855663_490741.shtml.

[46] 石淑华 . 关于信用经济的几个理论问题 [J]. 福建师范大学学报，2004（1）.

[47] 周倩 . 区块链技术的国际应用与创新 [J]. 中国工业论坛，2016（12）.

[48] 籍磊 . 和谐社会建设：多元化社会治理结构 [J]. 中国发展观察，2006（9）.

[49] Charlene Chin. 世界各国区块链普及情况综述 [EB /OL]. 胡宁，译 . 2016-09-09.http：//news.p2peye.com/article-485188-1.html.

[50] 梁晋毅 . 五年建成主权区块链应用示范区 [EB /OL]. 2017-02-11.http：//epaper.gywb.cn/gyrb/html/2017-02/11/content_495676.htm.

[51] 王惠英，信息技术的社会影响 [J]. 实事求是，2002（1）.

[52] 周兴芳 . 论数字网络技术与人的全面发展 [D]. 福州：福建师范大学，2003.

[53] 孙琳 . 基于车载无线自组网络的高速公路安全信息传输机制研究 [D]. 天津：南开大学，2012.

[54] 苏涛，彭兰 . 技术载动社会：中国互联网接入二十年 [J]. 南京邮电大学学报（社会科学版），2014（3）.

[55] 宋学锋 . 复杂性科学研究现状与展望 [J]. 复杂系统与复杂性科学，2005（1）.

[56] 鲍宗豪，李振 . 理论前沿（一）现实社会的数字化局限 [J]. 中国信息界，2004（24）.

[57] 王海峰 .NLP 技术：互联网产品创新的重要引擎 _ 科技 [EB / OL]. 2014-09-29.http：//tech.huanqiu.com/net/2014-09/5155541.html.

[58] 尹宝才，王文通，王立春 . 深度学习研究综述 [J]. 北京工业大学学报，2015（1）.

[59] 夏航 . 机器人上战场：建立道德标准很重要 [EB /OL]. 2014-04-16.http：//www.leiphone.com/robot-ethics.html.

[60] IMT-2020（5G）推进组 .5G 愿景与需求白皮书 [R].2014.

[61] IMT-2020（5G）推进组 .5G 概念白皮书 [R].2015.

[62] IMT-2020（5G）推进组 .5G 网络技术架构白皮书 [R].2015.

[63] IMT-2020（5G）推进组 .5G 无线技术架构白皮书 [R].2015.

[64] 夏威，刘冰华 .5G 概述及关键技术简介 [J]. 网络与通信学术探讨，2014（8）.

[65] 尤肖虎，潘志文，高西奇，等 .5G 移动通信发展趋势与若干关键技术 [J]. 中国科学：信息科学，2014，44（5）.

[66] 赵国锋，陈婧，韩远兵，等 .5G 移动通信网络关键技术综述 [J]. 重庆邮电大学学报（自然科学版），2015（4）.

[67] 甘志祥 . 物联网的起源和发展背景的研究 [J]. 现代经济信息，2010（1）.

[68] 庞雪莲 .5G 概述及相关技术 [J]. 信息技术与信息化，2015（5）.

[69] 尼古拉斯·克里斯塔基斯，詹姆斯·富勒.大连接：社会网络是如何形成的以及对人类现实行为的影响 [M].北京：中国人民大学出版社，2012.

[70] 小火车，好多鱼.大话5G[M].北京：电子工业出版社，2016.

[71] 杨峰义，张建敏，王海宁，等.5G 网络架构 [M].北京：电子工业出版社，2017.

[72] 袁玉立.从"巨大中华"到"大中华"：昔日电信设备巨头巨龙变迁启示录 [N].证券日报，2009-09-11.

[73] 侯云龙，张晓茹.多国竞追5G 战略制高点 2020年有望正式商用 [N].经济参考报，2015-04-10.

[74] 电信研究院.面向2020年及未来的5G 愿景与需求 [EB /OL].2014-08-04.http：//www.miit.gov.cn/n1146312/n1146909/n1146991/n1648534/c3489404/content.html.

[75] 周玲.中国方案入选5G 标准：华为极化码胜选控制信道编码方案 [EB /OL].2016-11-18.http：//www.thepaper.cn/newsDetail_forward_1564084.

[76] 铁流.中国是怎样提升在通信领域的话语权的 [EB /OL].2016-11-22.http：//www.guancha.cn/tieliu/2016_11_22_381425.shtml.

[77] 华为技术有限公司.华为与中国移动联合推进5G 高低频协作技术创新 [EB /OL].2017-02-27. http：//www.huawei.com/cn/news/2017/2/Huawei-China-Mobile-Joint-Innovation-5G.

[78] 郑磊.开放政府数据研究：概念辨析、关键因素及其互动关系 [J].中国行政管理，2015（11）.

[79] Sheetal Kumbhar .IDC 报告：区块链是政府数据权威

性和信息精确性的关键 [EB /OL]. 2016-05-24. http：//chainb. com/?P=Cont&id=1012.

[80] 王名，蔡志红.社会共治：多元主体共同治理的实践探索与制度创新 [J].中国行政管理，2014（12）.

[81] 赵治.“互联网＋”时代背景下的内生性治理 [J].行政管理改革，2016（3）.

[82] 吴家喜.共享经济对创新的影响机制及政策取向 [J].中国科技资源导刊，2016（3）.

[83] 涂子沛.大数据 [M].桂林：广西师范大学，2013.

[84] 谢楚鹏，温孚江.大数据背景下个人数据权与数据的商品化 [J].电子商务，2015（10）.

[85] 贵阳大数据交易所.2016中国大数据交易产业白皮书 [R].贵阳大数据交易所官网，2016.

[86] 北京软件和信息服务交易所.交易服务助力大数据工业生态系统完善 [EB /OL]. 2015-01-16.http：//www.bsia.org.

[87] 彭云.大数据环境下数据确权问题研究 [J].现代电信科技，2016（5）.

[88] 维克托·迈尔－舍恩伯格.大数据时代 [M].杭州：浙江人民出版社，2013.

[89] 王玉林，高富平.大数据的财产属性研究 [J].图书与情报，2016（1）.

[90] 朱可翔.数据交易开启大数据产业发展新时代 [EB /OL].2015-04-15.http：//comment.gywb.cn/html/2015-04/15/content_2854492.

htm.

[91] 陈耿宣 . 创新创业发展的供给侧思路 [EB /OL].2017−03−06. http：//epaper.gywb.cn/gyrb/html/2017−03/06/content_497415.htm

[92] 佚名 . 基于大数据产业链的新型商业模式 [EB /OL].2015−07− 14.http：//www.36dsj.com/archives/31162.

[93] 东湖大数据交易中心 . 个人信息暴露，数据黑市的"货源"从哪里来？ [EB /OL].2016−10−12.http：//mt.sohu.com/20161012/ n470081562.shtml.

[94] 佚名 . 区块链，让价值交易更方便快捷 [N]. 人民日报，2016− 11−22.

[95] 胡嘉琪 . 数据交易史话：隐私、定价、交易与策略初探 [C]. 亚信数据，2016.

[96] 贵阳大数据交易所 .2015年中国大数据交易白皮书 [R].2015.

[97] 赵国栋，易欢欢 . 大数据时代的历史机遇 [M]. 北京：清华大学出版社，2013.

[98] 张梓钧 . 数据交易如何破局 [C]. 赛迪顾问电子信息产业研究中心，2015.

[99] 中国信息通研究院 . 大数据白皮书（2016年）[R].2016.

[100] 中国电子技术标准化研究院 . 大数据标准化白皮书 V2.0[R].2015.

[101] 高伟 . 数据资产管理 [M]. 北京：机械工业出版社，2016.

[102] 中共中央国务院 . 促进大数据发展行动纲要 [EB /OL]. 2015. www.scio.gov.cn.

[103] 唐斯斯，刘叶婷 . 我国大数据交易亟待突破 [EB /OL]. 2016-07-05.http：//theory.people.com.cn.

[104] 杨琪，龚南宁 . 我国大数据交易的主要问题及建议 [J]. 大数据期刊，2015.

[105] 陈晨 . 区块链 + 大数据 . 京东万象数据平台，2016.

[106] 彭云 . 大数据交易环境下数据确权问题研究 [J]. 现代电信科技，2016（5）.

[107] 徐广斌，牛伟骅，牛壮，等 . 证券业大数据创新研究 [R]. 上海证券交易所，2015.

[108] [美] 迈克尔·波特 . 竞争优势 [M]. 北京：华夏出版社，2005.

[109] 刘耀华 . 数据交易的法律规制探讨 [J]. 互联网天地,2016(12).

[110] 吴江 . 数据交易机制初探——新制度经济学的视角 [J]. 天津商业大学学报，2015，35（3）.

[111] 杨茂江 . 基于密码和区块链技术的数据交易平台设计 [J]. 信息通信技术，2016（4）.

[112] 陈筱贞 . 大数据交易定价模式的选择 [J]. 港澳经济,2016(18).

[113] 庄金鑫 . 大数据交易平台三大模式比较和策略探析 . 赛迪智库，2016-08-31.

[114] 刘朝阳 . 大数据定价问题分析 [J]. 图书情报知识，2016（1）.

[115] 连玉明 . 城市的觉醒 [M]. 北京：当代中国出版社，2016.

[116] 中华人民共和国国务院 . 促进大数据发展行动纲要 . 2015. http：//www.gov.cn/zhengce/content/2015-09/05/content_10137.htm.

[117] 廖永安，李世峰．以法治反腐破解反腐与防腐的悖论 [J]．湖南社会科学，2014（6）．

[118] 刘建华．全民"大数据时代"：政府机遇与挑战 [J]．小康，2015（7）．

[119] 王保彦．领导干部运用大数据能力研究 [J]．中共天津市委党校学报，2015（4）．

[120] 李后强，李贤彬．大数据时代腐败防治机制创新研究 [J]．社会科学研究，2015（1）．

[121] 杜治洲，常金萍．大数据时代中国反腐败面临的机遇和挑战 [J]．北京航空航天大学学报（社会科学版），2015（4）．

[122] 张硕，高九江．大数据技术在腐败预防机制中的应用 [J]．成都行政学院学报，2015（6）．

[123] 单志广．国家大数据发展的顶层设计　数据强国战略的冲锋号 [J]．财经界，2015（28）．

[124] 张淙皎，冯田华，张世宝．项目风险管理系统模型的构成 [J]．中国水利，2015（14）．

[125] 时猛．科学及安全监督体系　有效规范权力运行 [J]．中国工商管理研究，2015（4）．

[126] 吴建波．浅析当前招投标监管工作中问题 [EB/OL]．2016-03-28.http：//www.docin.com/p-1590922578.html.

[127] 连玉明．数据安全地方立法的理论探索 [J]．大数据，2016（6）．

[128] 连玉明．开放数据与数据安全 [J]．大数据，2017（1）．

[129] 张影强．网络空间治理需把牢数据主权 [EB/OL]．2016.http：//news.gmw.cn/2016-10/12/content_22409399.htm.

[130] 邹沛东，曹红丽 . 大数据权利属性浅析 [J]. 法制与社会，2016（3）.

[131] 李约瑟 . 文明的滴定 [M]. 张卜天 . 北京：商务印书馆，2016.

大数据是人类运用数据认识世界和改变世界的新工具。随着时间的演进，我们对大数据的认识也逐步深化。大数据作为一种新能源、新技术和新的组织方式，正成为决定未来的核心要素。基于这样的认识，我们努力对大数据的发展变化作出新的研判，并试图通过十大新名词揭示大数据发展的最新趋势。

本书是大数据战略重点实验室和全国科学技术名词审定委员会合作的最新成果。大数据战略重点实验室是贵阳市人民政府和北京市科学技术委员会共建的跨学科、专业性、国际化、开放型研究平台，是中国大数据发展的新型高端智库。全国科学技术名词审定委员会是经国务院授权，代表国家审定、公布科技名词的权威性机构，经全国科学技术名词审定委员会公布的名词具有权威性和约束力，全国各科研、教学、生产经营以及新闻出版等单位应遵照使用。

　　2016年5月，贵阳市人民政府与全国科学技术名词审定委员会共建大数据战略重点实验室全国科学技术名词审定委员会研究基地，依托全国科学技术名词审定委员会组建大数据战略咨询委员会，指导贵阳市大数据发展理论研究和实践应用，编纂出版《大数据百科全书》，开发大数据百科网络共享服务平台，推进大数据新名词的审定、发布和应用。《重新定义大数据》就是在全国科学技术名词审定委员会发布"大数据十大新名词"基础上，研究编写的一本学术性著作，是大数据战略重点实验室全国科学技术名词审定委员会研究基地的阶段性创新成果。

　　本书选定的大数据十大新名词，既具有大数据的时代特征，又体现大数据的发展趋势。在十大新名词筛选过程中，全国科学技术名词审定委员会组成专家组进行讨论和审定。由大数据战略重点实验室组织大数据领域专家学者进行深度研究和集中撰写。在本书写作过程中，连玉明对总体思路、核心观点和框架体系进行了总体设计，由朱颖慧、武建忠、张涛、宋青、李军细化提纲和主题思想，主要由连玉明、朱颖慧、武建忠、张涛、宋青、李军、罗立萍、沈兴玲、邹涛、尚以辉、蒋万娇、潘关淳淳、龙荣远、赵灵灵、杨官华撰写，最后由连玉明、朱颖慧、武建忠、张涛统稿。贵州省委常委、贵阳市委书记陈刚对本书提出许多前瞻性和指导性思想、观点和建议，并对全书进行审读和修改。北京市科委主任闫傲霜，贵阳市人民政府市长刘文新，贵阳市委副书记李岳德，贵阳市委常委、市委秘书长、市委统战部部长聂雪松，贵阳市委常委、副市长徐沁，贵阳市人民政府副市长徐昊，贵阳市委副秘书长、市委政研室主任王黔，全国科学技术名词审定委员会原专职副主任刘青，全国科学技术名词审定委员会事务中心主任裴亚军，北京国家会计学院教授卢力平，北京赛智时代信息技术咨询有限公司总裁赵刚，浙江大学光华法学院副院长李有星，翼帆金融科技股份有限公司创始人、董事长夏平，对本书贡献了大量前瞻性的思想和观点，进一步丰富了本书的理论体系。机械工业出版社领导对本书的出版给予高度肯定和大力支持，特别是胡嘉兴等多名编辑精心策划、精心编校、精心设计，保证了本书如期出版，在此一并表示衷心的感谢！

在研究和编著本书过程中，我们尽力搜集最新文献，吸纳最新观点，以丰富本书内容。尽管如此，由于著者水平所限，研究内容涉及众多学科领域，难免有疏漏之处，特别是对引用的文献资料及其出处如有挂一漏万，恳请读者批评指正。

大数据战略重点实验室

2017年3月21日于贵阳